世界一わかりやすい！
プログラミングのしくみ

サイボウズ 著
月刊Newsがわかる 編

毎日新聞出版

はじめに

　今の子どもたちにとって、スマホやアプリはあまりに身近なものであり、それに興味があるかないかに関わらず「すでに存在しているもの」です。

　小学校では2020年からプログラミング教育が必修になりますが、何も怖がる必要はありません。むしろITがあふれた現在の世の中の物事のしくみを知るには、絶好のチャンスだと思います。

　プログラミング教育では、言語やプログラミングを知っていることが大事なわけではありません。目の前にある機械やソフトやアプリがどのように動いているかを理解することで、「こうしたらこうなるのでは」「もっとこうなればいいのに」と、希望や改善のアイディアが出てくることが大事なのです。なぜなら、その気持ちから次の時代の便利で楽しいものが生まれてくるからです。

　この本は、毎日新聞社の雑誌「月刊Newsがわかる」で2017年1月号から連載していたプログラミングの記事をもとに大幅に加筆し、1冊にまとめたものです。サイボウズは、1997年に創業したソフトウェアの会社で、「グループウェア」と呼ばれる情報共有ソフトを作っています。今では国内で6万社以上に使っていただいており、海外でもアメリカや中国・東南アジアなどでお客様が増えています。世界中のお客様を相手に製品を開発している、いわばプロのエンジニアが、プログラミングの基本についてわかりやすく説明しているのがこの本です。

　炊飯器やスマホからGPSまで、身近だけれども、その裏がどうなっているの

か実はよく知らないものを中心に、イラストと文章で説明しています。私達の日常生活がいかにコンピューターの恩恵にあずかっており、プログラムの世界に取り囲まれているかが実感できると思います。

　ゆっくりでかまいません。ぜひ親子で手に取って、1章1章読んでいってください。

　もともとコンピューターは、私たち人間を助けるために作られました。これからお子様が生きていく世界をどのように進歩させればいいか、どういうものができたら困っている人がより気持ちよく過ごしやすくなるのか、この本をきっかけに、みなさんのご家庭で話す時間が生まれれば、大変うれしく思います。

サイボウズ株式会社　代表取締役社長

青野慶久

もくじ

はじめに **02** ／もくじ **04** ／キャラクター紹介 **07**

08 第1章　プログラムってなんだろう？

動画を再生するしくみ **10** ／運動会のプログラムとどう違う？ **11**

保護者のみなさまへ：こびととはコアを擬人化したもの **11**

プログラムとレシピは似ている？ **12** ／プログラム専用の言葉があるんだよ **13**

保護者のみなさまへ：プログラミング言語誕生の歴史 **13**

今回のプログラム【動画再生アプリ】**14**

保護者のみなさまへ：今回のプログラムについて **15**

16 第2章　プログラムで動くもの

プログラムはマイコンの中にある **18** ／保護者のみなさまへ：マイコンの値段 **18**

人間の代わりをする **19** ／マイコンがない時代の条件判断 **20**

人間を超えた働きができる **21** ／保護者のみなさまへ：「電気を使ったやりとり」では電圧を使う **21**

今回のプログラム【炊飯器のプログラム】**22**

24 第3章　人間を手伝うプログラム

入力も計算もこびとさんにおまかせ **26** ／バーコードには商品番号が入ってる **27**

バーコードの読み方 **28** ／保護者のみなさまへ：バーコードのしくみ **28**

人間が苦手なことを代わりにやってくれる **30**

いつ何が売れたか覚えておく **31** ／今回のプログラム【レジの中のプログラム】**32**

34 第4章　スマホの中のこびとたち

【CPU】スマホの頭脳 **36** ／性能表を見てみよう！ **37**

保護者のみなさまへ：iPhoneXが使っているAll Bionicの中身 **37**

【メモリー】CPUこびとの作業台 **38** ／【ストレージ】指示書やデータを保管する本棚 **38**

保護者のみなさまへ：RAMとROM **39** ／【タッチパネル】人間にさわられた場所がわかる **40**

【画面】人間に見せるためにライトをつける **40**

保護者のみなさまへ：「色の三原色」と「光の三原色」**41**

【バッテリー】こびとさんのご飯をためる場所 **42**

【通信装置】電波を使ってやりとりするよ **42** ／ギガバイトってどれくらいの大きさ？ **43**

保護者のみなさまへ：キロって1000？1024？ **43** ／今回のプログラム【簡単お絵かきアプリ】**44**

46　第5章　なかったことにできる!!

大発明の「Undo」機能 **48**／間違いを恐れなくてもよい **49**

戻せないものもあるんだよ **49**／古いものを取っておく **51**

離れた場所にバックアップ **51**／自動的にバックアップ **52**

ブラウザの「戻る」はUndoではない **52**／バージョン管理システム **53**

保護者のみなさまへ：バージョン管理システムの機能 **53**

今回のプログラム【お絵かきアプリ】 **54**

56　第6章　インターネットのしくみ

コンピューターには番号がついている **57**／番号はわかりにくいから名前を付ける **58**

保護者のみなさまへ：IPv4とIPv6 **58**／ドメイン名のしくみ **59**

保護者のみなさまへ：トップレベルドメインと日本語ドメイン **59**

ルーターのお仕事 **60**／ルーティング **60**／世界は線でつながっている！ **63**

今回のプログラム【インターネットのルーティング】 **64**

66　第7章　こびと同士の会話

光の点滅パターンで伝える **68**／こびと同士の決めごと **69**

モールス信号も「決めごと」 **70**／保護者のみなさまへ：電信網と通信の発達 **70**

2進表記と16進表記 **71**／「決めごと」の乱立 **72**／日本語はどうやって表現する？ **72**

決めごとは変わっていく **73**／今回のプログラム【文章の中の全角英数字を半角にするよ】 **74**

76　第8章　宇宙の声をきくこびと

遠い宇宙からの電波 **78**／位置が分かるしくみ **79**

GPS衛星はとても遠くにある **80**／衛星からの距離が違う？ **81**

保護者のみなさまへ：GPS衛星までの距離 **81**

電波を受けるだけのこびと **82**／人工衛星の中のこびと **82**

保護者のみなさまへ：人工衛星に採用されたマイコン **83**

地下ではどうする？ **83**／今回のプログラム【現在位置を表示するよ】 **84**

86　第9章　みんなでつくる百科事典

気楽な百科事典ウィキペディア **88**／百科事典のルール **88**

新しいやりとりの形 **89**／情報をまとめる場所 **90**／集まらなくても協力できる **90**

保護者のみなさまへ：Wikipediaは信頼できない？ **91**

今回のプログラム【簡単なwikiプログラム】 **92**

05

94　第10章　こびとの指示書はこれだ！

実際のプログラムの例 96／言語にはたくさんの種類がある 97／機械語 97
アセンブリ言語 98／C言語 98／int iってなんだ 99／forward(100)ってなんだ 100
JavaScript 101／Python 102／Java 102／ProcessingとArduino 102／なでしこ 103

104　第11章　どの言語を学べばいい？

言語は使い分けられる 105／言語は諸行無常 106／プログラミング言語は道具 107
最初は何でもいいんだよ 108／二つ目の言語を学ぼう 108
プログラミング言語は人間が作ったんだよ 109
保護者のみなさまへ：特定の言語を絶対視する人に注意 109／今回のプログラム【二分探索】110

112　第12章　失敗をおそれない

プログラミングって、勉強かな？ 113／最初はちょこっといじるだけでいい 114
プロさんも日々失敗して修正してを繰り返している 115／ちっちゃく始めよう 115
バグの場所のしぼりこみ 116／保護者のみなさまへ：原因・検証・絞り込み 116
時間をさかのぼる 116／ステップ実行 117
事実と解釈を区別する 117／今回のプログラム【マージソート】118
保護者のみなさまへ：お子さまのモチベーションのつくり方 120

各章のねらい 122／あとがき 126

Q この本はプログラミングの本なのに、プログラミング言語の説明が
ほとんどなくて、雑談や教養みたいな話が続いているのはなぜですか？

A プログラミングをするには、まずコンピューターで何ができるか知る必要があると、私たちは考えました。プログラミングはコンピューターを思い通りに動かしたいときに使うものですから、コンピューターでできることを紹介したのです。何ができるのかわからないと何をやらせたいかが決まらないですし、それがわからないままプログラムを書いてもあまりうまくいきません。でもそれだけでは面白くないので、章ごとに日本語で書いたプログラム「みたいなもの」を書きました。複雑なコンピューターの動作も、実はこんな単純な動作の組み合わせで実現していると気づいてもらえたら、とてもうれしいです。

登場するキャラクター

この本はどこから読んでもいいよ。難しかったら飛ばして好きなところだけ読んでね。プログラミングを始めたら、また読みかえしたくなるかもしれないね

プロさん
IT企業「サイボウズ」で働くプログラマー。プログラムやコンピューターに詳しい案内役。サイボウズは会社で使われるプログラムを作って、組織のチームワークを支援している。

こびと
コンピューターの中にすむナゾの生きもの。細かい指示を受けるとすごい速さでこなしてくれるけど、適当にやってよというと何もしてくれない。

好きな食べ物は電気だよ～

Q 機械（ハードウェア）の説明の比重が高いように思うのだけど、それはどうしてですか？

A 機械を使って生活を便利にするときに、プログラムはとても大事な要素の一つですが、大事なものはそれだけではありません。まずどんなしくみにするかを考える必要があり、そのうえで、そのしくみに合わせて機械を組み立てなければいけません。プログラムはそれらの機械をきちんと動かすために書かれるものです。

　私たちの考えでは、一番大事なのはしくみです。世間で使われているいろいろなもののしくみを、なるほどよくできているなーと感心しつつ理解していくことは、新しいしくみを思いつくうえで、きっとプラスになると思います。それらのしくみを踏まえてプログラムを書くことができれば、優秀なプログラマーになれると思います。しくみをよく理解しないまま、要求書だけを見てプログラムを書くこともできますが、それでは全体を見据えた改良提案などはできなくて、面白くないと思うのです。

第1章

プログラムって なんだろう？

わたしたちの生活にコンピューターは
欠くことができない存在だ。スマートフォンは、
そうしたコンピューターのひとつ。
スマートフォンさえあれば、いまどこにいるか
地図で確認したり、友だちにメッセージを送ったり、
もちろん電話をかけたりすることも 簡単にできてしまう。
そんな便利なスマホも、実はプログラムで動いているんだ。
でも、プログラムってなんだろう？
どうやって動かしているんだろう？

プロさん

IT企業「サイボウズ」で働くプログラマー。
もやーっとしているあなたの疑問を晴らすべく、
わかりやすく教えてくれるよ。

大きなコンピューターも小さなスマホも

08 第1章 プログラムってなんだろう？

スーパーコンピューター（スパコン）
宇宙の謎の研究やあたらしい薬の開発など、複雑で大量の計算をするために作られた特別なコンピューターがスーパーコンピューター（スパコン）だよ。大きさも超ビッグなんだ。

タブレット
薄くて軽いタブレットは
パソコンとスマホの
中間にあたるよ。
画面が大きいから
動画をみたり
本をよんだり
するのにちょうど良い。
学校でも使われはじめているね。

スマホ
持ち運べる携帯電話に
タッチ操作できる大きな画面をつけたのが
スマートフォン（スマホ）だよ。
スマホもコンピューターの
ひとつで、中ではいろんな
プログラムが
動いているんだ。

パソコン
パソコンは
パーソナルコンピューターの略で、
個人で使うコンピューターの
ことだよ。大きめで
机において使うデスクトップと、
持ち運べるノートパソコンがあるよ。

プログラムで動いている！

動画を再生するしくみ

　スマートフォンで動画を再生する時のことを考えよう。これも実はプログラムで動いているんだ。

　スマートフォンの中にこびとがいると想像してみよう。こびとたちは、自分たちのやるべき仕事が書かれた「指示書」を読みながら仕事をするんだ。この指示書が「プログラム」だよ。

　僕たちが見たい動画をタッチすると、スマホの中のこびとは「動画アプリ」の本の手順に従って、離れたところにいる動画サーバーの中のこびとに「この動画を探して」って頼むんだ。

　動画が見つかったら、こびとがその動画を人間に見せるんだよ。

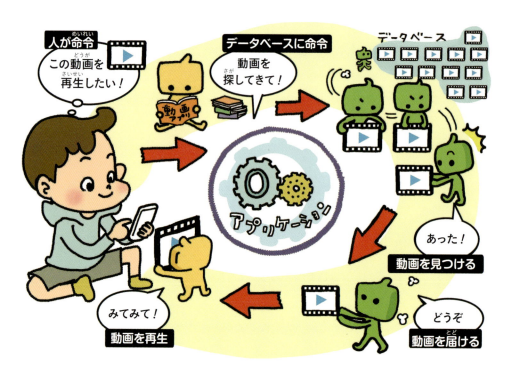

第1章 プログラムってなんだろう？

運動会のプログラムとどう違う?

みんながよく耳にする言葉に運動会のプログラムがあるね。運動会のプログラムには開会式、体操、玉入れなどのやるべきことが順番に書かれている。コンピューターのプログラムにも、こびとがやるべきことが順番に書かれているよ。

でも、こびとのプログラムはそれだけではないんだ。「もし……ならこうしろ」という条件がついた指示がたくさん書かれているんだ。

レトルト食品の箱を思い出してみよう。「もし鍋で温めるなら2分」「もし電子レンジで温めるなら4分」など細かく条件を分けて指示が書かれている。指示を読んだ人がその指示に従うことで料理を作れるようにしているんだ。これは人間を動かすためのプログラムだといえるね。

保護者のみなさまへ

【こびととはコアを擬人化したもの】

ここで説明している「こびと」は、演算処理装置(コア)を擬人化したものです。「CPU」という言葉になじみがある人も多いかもしれません。CPUは中央処理装置で、昔はコンピューターに演算処理装置が1個しかなかったことからそう呼ばれています。この本では、中央のものに限らず、演算処理をする装置をこびとで擬人化しています。

このこびとのいちばん大事な機能は「判断すること」です。こびとは、周囲の装置と情報をやり取りし、計算や記憶をし、その結果を元に次に何をするのかを判断します。

プログラムとレシピは似ている?

　プログラミングとはプログラム(指示書)を作ることだよ。こびとさんが正しく行動できるように、明確に指示を出す必要があるんだ。
　さっきの「もし鍋で温めるなら2分」「もし電子レンジで温めるなら4分」の伝え方を考えるために図にしたよ。
　「鍋で2分温める」前にまずお湯を沸かすんだよね。もし鍋も電子レンジもなかったら、あきらめる。こびとにはこんな風に細かく指示を出さないといけないんだ。
　人間向けのレシピには、「コショウ少々」「強火で」「火が通るまで」などあいまいな表現がある。
　少々って何グラム？　強火ってどれくらいだろう？　火が通ったかどうかはどうやって判断するの？　こびとは人間と違って、あんまり気がきかないから、あいまいな指示だと困ってしまうんだ。

⚙ プログラム専用の言葉があるんだよ

さっき書いたように、こびとにはあいまいな指示ではなく、明確な指示を出す必要があるんだ。

人間が人間に指示を出すときには日本語などの人間が話す言葉を使うけど、こびとに指示を出す時には明確に指示を出すために、専用の言葉「プログラミング言語」を使うことが多いよ。スクラッチなどのように、ブロックを組み合わせて伝えるプログラミング言語もあるんだよ。

でも、プログラミング言語で指示をする前に、まず指示を出す人間が「何をやってほしいか」をきちんと理解している必要がある。だから、まず日本語で「何をやってほしいか」を説明してみよう。日本語できちんと説明できるようになることが、よいプログラムが書けるようになる最初の一歩なんだよ。次のページでは、日本語でこびとに動画再生の指示を出してみたよ。本当はもっと細かく指示しないとこびとは動けないけど、ふんいきが伝わるかな？

👪 保護者のみなさまへ

【プログラミング言語誕生の歴史】

昔のプログラムは、ワイヤーの配線をつなぎ変えたり、たくさんのトグルスイッチを操作したりして作られていました。その後、紙テープに穴を開けてそれを読み込ませるようになりました。人間に読める「文字」の連なりになったのはその後の話です。

つまり、プログラミング言語は「人間が話している言葉を明確化しよう」ではなく「人間に分かりづらい命令の羅列を、人間に分かりやすい表現にしよう」という方向で進化してきました。

今後、プログラミング言語はもっと「人間が普段使っている言葉」に近づいていくでしょう。たとえばスマートフォンに「3分タイマーして！」と話しかけると、3分後に教えてくれる機能が現実化しています。これも人間がこびとへの命令を記述しているわけですから、とても広い意味ではプログラミングに相当します。

【動画再生アプリ】

01. 動画サーバーに動画の一覧を問い合わせる
02. それを画面に表示する
03. 人が動画を選んでくれるのを待つ
04. 選ばれた動画のデータを動画サーバーにリクエスト
05. 再生開始ボタンが押されるまで待つ
06. 07行目から10行目までを繰り返す
07.   もし停止ボタンが押されたら05行目に戻る
08.   もしデータの受信が追い付かなければ待つ
09.   動画データを1秒ぶん再生する
10.   最後まで再生したら、繰り返しを終了（11行目へ）
        （ここで07行目に戻って繰り返す）
11. 最初に戻る（01行目に戻る）

まとめ

人間も機械もコンピューターも、動かすには指示が必要なんだ。

コンピューターに出す指示のことをプログラムと呼んでいるよ。スマホで動画を見るときにもプログラムが働いている。そのプログラムをつくることがプログラミングなんだ。

この本ではプログラミングに必要なことを身近なものを使って説明していくよ。すこし難しい内容もあるかも知れないけれど、みんなもこの本で勉強してこびとを動かせるようになろう！

保護者のみなさまへ

【今回のプログラムについて】

14ページに書かれたプログラムは、実在するプログラミング言語では書かれていません。読者の方がプログラムをイメージしやすくなるように日本語で書かれています。

「もし」で始まる行は、「判断」をさせる命令として書いています。

07行目から10行目にかけて、プログラムが字下げされていますが、これはプログラマーにとって繰り返し範囲をわかりやすくするための工夫で、こびとにとっては特には意味を持たないものです。それでもこれは大切な工夫だと思うので、この本の中でも使っていきます。

今回「待つ」という命令を何度か使っていますが、待つ動作の中には繰り返しと判断が含まれています。たとえば動画が選ばれるのを待つときは、「もし選ばれたら繰り返しを終了」という命令を「繰り返して」いるのです。

今回は1秒分ずつ再生するように書いていますが、実際の動画再生アプリはもっと違う間隔で処理していると思われます。このプログラムは架空のものですので、ご了承ください。

11行目で最初に戻る記述があり、それも本来は繰り返し命令で書かれるべきなのですが、そうするとループが二重になって、最初のプログラム例としては複雑すぎるように思われるので、あえて書いていません。

第2章
プログラムで動くもの

みんなのうちには、冷蔵庫や電子レンジ、テレビなどいろいろな電化製品があるだろう。
実はこういう電化製品はプログラムで動いているんだ。
スイッチを押すだけで自動的においしいご飯が炊ける炊飯器もその一つだ。
プログラムはどこにあるんだろう？
どうしてプログラムを使うようになったのだろう？

いろんな電化製品が、

電子レンジ
食品の温度をセンサーで知り、
目標の温度になったら
食品を温めている電磁波を止める。

冷蔵庫
センサーで庫内の温度を知り、
目標の温度になるように冷やす機器を
動かしたり止めたりする。

洗濯乾燥機
洗濯物の重さをセンサーで知り、
洗剤の量やコースを示す。
選ばれたコース通り、
時間に応じて洗濯槽の
回し方をコントロールしたり、
乾燥するための温風などを
出したり、止めたりする。

これが
マイコンだっ！

テレビ
リモコンから情報の
受け取り、電源を
入れたり、チャンネルの
変更をしたりして、
映像を表示する。時間に
合わせて番組表などさまざまな
情報をダウンロードする。

プログラムで動いている！

写真提供＝：ソニー／パナソニック セミコンダクターソリューションズ／パナソニックアプライアンス

プログラムはマイコンの中にある

プログラムはマイコンっていうコンピューターの中に入っているよ。

マイコンの見た目は、だいたい黒くて、四角くて、金属の足がいっぱい生えているよ。

金属の足を通して、電気が流れる。

電気を使ってセンサーのこびとから情報をもらったり、ヒーターのこびとに指令を伝えたりするよ。

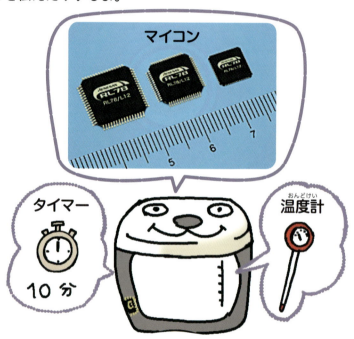

保護者のみなさまへ

【マイコンの値段】

書き込み装置などの周辺機器もセットになっていて、USBでパソコンにつないでプログラムの書き換えができるArduino(アルデュイーノ)というマイコン開発キットが数千円で売られています。Arduinoが使っているマイコン、例えばATMEGA328Pは、秋葉原では250円で売っているものですが、安いマイコンだと100円しないものもあります。

18　第2章 プログラムで動くもの　　　　　　　　　　　　　　写真提供：ルネサスエレクトロニクス

人間の代わりをする

昔は人間が、かまどにつきっきりで火加減の調節をしていたんだ。
電気炊飯器が登場したことで、自動的にご飯が炊けるから、人間がずっと見ている必要はなくなった。でも、最初から最後まで同じ強さで加熱し、ご飯が炊けたらスイッチを切るだけなので、おいしく炊くコツを再現できなかった。だからマイコンの入った炊飯器が作られた。マイコンの中のこびとが人間の代わりに火加減を調節することで、おいしいご飯が自動で炊けるようになったんだ。

昔のかまど炊き

おいしく炊くコツ
初めチョロチョロ（中火）
中パッパ（強火）
赤子泣いてもふたとるな（蒸らし）

かまど炊き

このくらいで強火かな？

初期の電気炊飯器

ちょっと昔は…
ある温度になるとスイッチOFFに

自動で炊けたけど前の方がおいしかったな…

19

マイコンがない時代の条件判断

　マイコンがない時代は磁石を使って条件分岐をしていたんだ。ご飯が炊けて水分が少なくなったら温度が高くなる。磁石は熱くなると引き付ける力が弱くなるんだ。

　磁石とばねを組み合わせて、熱くなったらスイッチが切れるようにしていたんだよ。

マイコンがないころのスイッチ

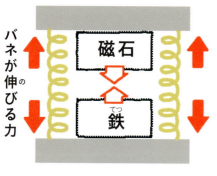

【オン】

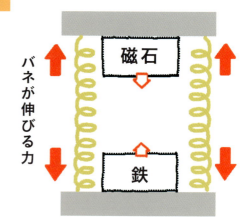

【オフ】

ご飯が炊けて水がなくなると100度を超えて磁石の力が弱まる

人間を超えた働きができる

　かまどでの作業は、人によって火の強さの加減もタイミングも違う。日によって気温も変わるから、炊きあがりにばらつきが出る。

　でも、プログラムで動く炊飯器は、センサーで温度を測り、人間以上に正確に温度をコントロールできる。だから、気温や扱う人が変わっても、毎日同じおいしいご飯が炊けるのだ。

　人間はやり方やコツを学習しないとできないけれど、プログラムされたマイコンは初めからたくさんのことを知っていて、人間を超えた働きができるんだ。

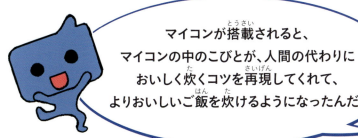

マイコンが搭載されると、マイコンの中のこびとが、人間の代わりにおいしく炊くコツを再現してくれて、よりおいしいご飯を炊けるようになったんだ。

 保護者のみなさまへ

【「電気を使ったやりとり」では電圧を使う】

　わかりやすさのために『電気を使って情報や指示をやりとりしている』と書きましたが、正確に言うと、電圧の変化を使って情報を伝えています。

　マイコンの中に入っているトランジスタは三つの足があり、特定の足に高い電圧をかけると、残りの二つの足の間の電流が流れやすくなります。電流が流れやすくなると、その2本の足の間の電圧が近づきます。このしくみを組み合わせることによって「入力の電圧が高いときに出力の電圧を低くする」という論理否定や、「二つの入力の電圧が両方高かった時だけ、出力の電圧を高くする」という論理積などの論理回路が作られます。これらの論理回路を組み合わせることで「プログラムを実行する」という高度な機能が実現されています。

21

今回のプログラム

【炊飯器のプログラム】

01. 02行目から08行目までを繰り返す

02. もし中止ボタンを押されたら、
    繰り返しを終了（09行目へ）

03. タイマーのこびとに、
    炊き始めてから何分たったのかを聞く

04. もし炊飯終了時間に達していたら、
    繰り返しを終了（09行目へ）

05. この時間での理想の温度をグラフから求める

06. 温度計のこびとに、現在のかまの温度を聞く

07. もし温度が理想よりも低ければ、ヒーターを強める

08. もし温度が理想よりも高ければ、ヒーターを弱める
    （ここで02行目に戻って繰り返す）

09. ヒーター出力をゼロにする

10. 「ピー」と鳴らす

まとめ

黒い小さなマイコンの中に、プログラムが入っているよ。
プログラムは人間の代わりに温度や時間を見て、ヒーターを強くするか弱くするかを判断するんだ。
プログラムの中に「もし」がいっぱいあるね。これが判断だよ。
世の中のプログラムには「もし」がどっさり入っているんだ。

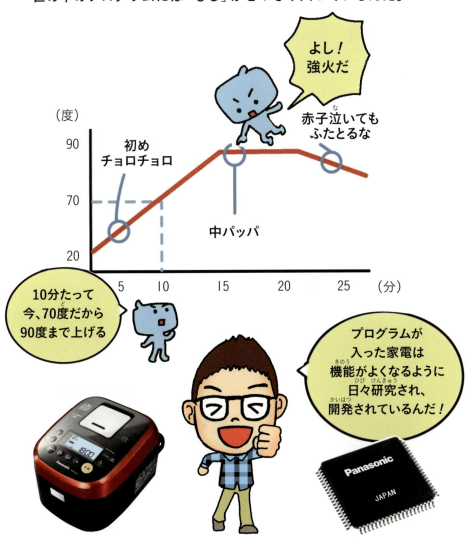

第3章
人間を手伝うプログラム

コンビニに買い物に行くと、
たくさんの種類の商品が売られていて、
欲しいものを欲しい時に買える。
普通のことのように思えるけれど、
実はコンピューターを使ったレジスター（レジ）の
すごい働きのおかげだ。
お店を支えるレジからプログラムの特徴を知ろう。

そろばん
そろばんは見たことがあるかな？江戸時代に
寺子屋や私塾などで実用的な算術として
庶民に広まった計算補助道具だよ。

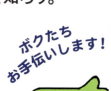

ボクたち
お手伝いします！

コンビニもコンピューターの

バーコードリーダー
商品についているバーコードを読み取って、
レジの中のこびとさんに伝えるよ。
バーコードがうまく読み取れない時などは、
店員さんがキーボードを押して
直接入力することもあるよ。

画面
合計金額をこびとが計算したら、
ここに表示してくれるよ。
支払い金額を入力するとおつりも
すぐ計算して表示してくれるんだ。

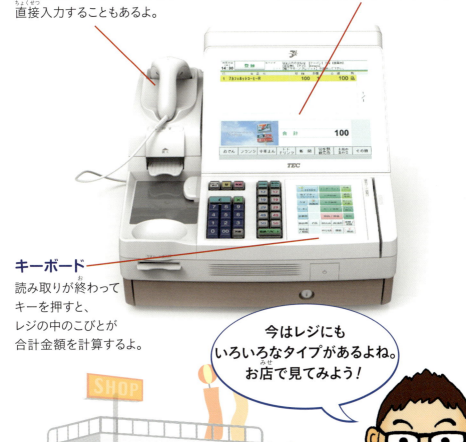

キーボード
読み取りが終わって
キーを押すと、
レジの中のこびとが
合計金額を計算するよ。

今はレジにも
いろいろなタイプがあるよね。
お店で見てみよう！

すごい働きで支えられている！

写真提供：セブン-イレブン・ジャパン

25

入力も計算もこびとさんにおまかせ

　昔は商品に張ってある値札を一つずつ見て、そろばんを使って計算したり、手でレジに打ち込んで計算していたんだ。でも、コンピューターの登場で、人間が計算や値段の入力をしなくてよくなったんだ。

　人間は商品についているバーコードをスキャンするだけでいい。バーコードには商品番号が書かれている。するとレジの中のこびとさんが、レジの中に記録されている値段表を読んで、商品の値段を調べる。そして合計金額を計算するんだ。

🔍 バーコードには商品番号が入ってる

バーコードには値段ではなく商品番号が書かれているよ。だからお店で売る値段を変えても、バーコードを付け替えたりする必要がないんだ。

書籍や雑誌はお店が値段を変えることがあまりないので、バーコードに値段を特別に入れているよ。本の裏を見てみよう。

バーコードは機械が読み取りやすいように、背景を白にして、印字は黒にする決まりがあるよ。家にあるものをよく見てみると面白いよ。

バーコードには値段は書かれていないよ

一番よく見る13ケタのバーコード

国 / 会社 / 商品番号 / チェック用番号

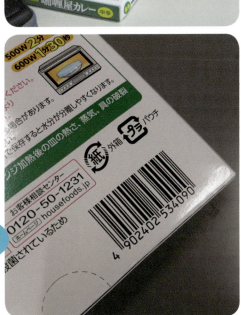

バーコードの読み方

一般的な13文字のバーコードは最初と最後と真ん中に二重線があって、前半後半に分かれているよ。前半で7文字、後半で6文字を表現しているんだ。

後半は解読しやすいのでチャレンジしてみよう。

右ページの図を見てみよう。全てのパターンは黒で始まり白で終わるよ。太い黒線、中くらいの白線、細い黒線と来たら0だ。中くらいの黒線、細い白線、中くらいの黒線なら2だ。

短縮した8桁のバーコードもあるよ

保護者のみなさまへ

【バーコードのしくみ】

　バーコード全体の解読に興味があれば「JANコード しくみ」などで検索すると情報が見つかります。

　バーコードの前半部分は解読がちょっと難しいです。前半は後半と同じサイズなのに後半より1文字多い7文字を表現しています。この実現のためにトリッキーな処理をしています。

　前半部分も後半と同じように7bitで1文字を表現しますが、そのビットパターンと文字の対応表が二つあります。「二つの表のどちらのパターンを使うか」によってそれ自体が6bitのパターンとして機能するという複雑なしくみになっており、最初の1文字だけはそれを使って表現されています。最初の1文字だけ欄外に書かれることがあるのはこれが理由です。

28　第3章 人間を手伝うプログラム

人間が苦手なことを代わりにやってくれる

　レジの仕事を始めたばかりの人が、商品の値段がわからなくて時間がかかってしまうことがある。商品にバーコードがついていないパン屋などでよくある。

　全ての商品にバーコードがついていれば、人間は商品の値段を覚えなくてもいいんだ。

　それだけなら、すべての商品に値札を張ってあれば十分だ。でも、まとめ買いで割引になるとか、閉店間際にタイムセールで安くなるとか、複雑なルールが増えると、値札だけでは人間が間違えずに実行するのが難しくなってくる。

　こびとさんは教えたルールの通りに実行するのは得意なんだ。人間と違って疲れないから、一日中働いてもうっかりミスをしたりしない。

すごいレジ

　すごいレジになると、受け取ったお金を自動で数えて、自動でおつりを出してくれるよ。

　お金を使わずに、カードでタッチするだけで物が買えるレジもある。

　また、お客さんが自分でバーコードをスキャンして、自分で払う「セルフレジ」も登場した。こびとさんが手伝ってくれるおかげで、何も勉強しなくてもレジでの精算ができるんだ。

いつ何が売れたか覚えておく

　こびとは単に商品の値段を計算するだけじゃないんだ。バーコードをスキャンしたことで、どの商品が売れたかがわかるね。こびとは、いつ、どの商品が売れたかを全部覚えているんだ。すごいね！

　お店によっては、買った人が男性なのか女性なのか、何歳ぐらいなのか、という情報もセットにしてこびとさんに覚えさせているよ。一日の終わりには、今日は何がどれだけ売れたかを教えてくれるよ。それを見て、お店は何を入荷するかを考えるんだ。

【レジの中のプログラム】

01. 02行目から08行目を繰り返す
02. 「会計」ボタンを押されたら繰り返しを終了(09行目へ)[※1]
03. バーコード読み取り機から13桁の数字を教えてもらう
04. 「値段表」の中からその13桁を探す
05. もし見つからなかったら、ブッと音を出して02行目からやり直し
06. ピッと音を出す(正しく読み取れたことを知らせるために)
07. 「値段表」から値段を読み取って、レシートに印字[※2]
08. 13桁の数字と現在の日時を「売り上げ記録表」に登録[※3]
    (ここで02行目に戻って繰り返す)
09. ここまでの値段の合計を表示
10. 受け取った代金を入力してもらう
11. 引き算しておつりの金額を表示
12. レシートにも値段の合計と受け取った代金とおつりを印字
13. 「レジ記録表」にも登録
14. 「最初から」ボタンが押されたら最初に戻る
    (01行目に戻る)[※4]

32 第3章 人間を手伝うプログラム

【注】

*1 レジによってはボタンの名前は違うみたいだよ

*2 このプログラムの中では値下げの処理はしていないよ
　　安売り日などで値下げをする場合は、値段表を安い値段に直しておくよ

*3 このプログラムの中で在庫数の管理の処理はしていないよ
　　「売り上げ記録表」を後から調べればわかるからだよ

*4 レジの引き出しを閉めるだけで最初に戻るレジもありそうだね

まとめ

　コンピューターが人間の代わりにしてくれることの一つが計算だよ。

　スーパーのレジも計算をしてくれるコンピューターなんだ。レジの中のこびとはバーコードから値段を調べて、あっという間に合計金額を計算してくれるんだ。

　バーコードは商品ごとにつけられた番号を、ある決めごとのもとに変換したもの。外から受け取った情報の処理を、こびとが手伝うことによってコンビニのしくみが成りたっているんだね。

第4章
スマホの中の こびとたち

第4章は、スマートフォン（スマホ）について。
スマホはみんなにとって身近なコンピューターの一つだ。
メールをしたり、写真をとったり、いろいろなことができる。
スマホの中にはいろいろなこびとがいて、
それぞれがいろいろなプログラムに従って働いているんだ。
スマホがどういう部品でできているのか見てみよう。
そして、その性能を理解できるようになろう。

この章ではCPU（シーピーユー）
Central Processing Unit
という言葉がでてくる。
わかりやすく、スマホに指令を出す
頭脳の役割として説明していくよ！

たくさんのこびと

2008年

iPhone3G
アイフォンスリージー

日本で初めて発売されたスマホ、iPhone3Gだよ。今の最新スマホと比べると性能はずいぶん見劣りするけど、当時は衝撃的だったんだ。

プロセッサ	ARM 1176JZ(F)-S	NFC	−
ディスプレイ	3.5インチTFT LCD	防水防塵	−
画像解像度	320×480	バッテリー	2G通話 10時間
生体認証	−	重量	133g
ストレージ	8／16GB	寸法	115.5×62.1×12.3mm

2017年

iPhoneX
アイフォンテン

iPhoneXは、iPhone3Gと比べると格段に性能が進化しているよ。3GではひとりしかいなかったCPUの中のこびとが、Xではなんと6人もいるんだ。

プロセッサ	A11 Bionic+ニューラルエンジンM11モーションコプロセッサ	NFC	リーダーモード対応 FeliCa対応
ディスプレイ	5.8インチ Super Retina HD	防水防塵	IP67(耐塵防浸型)
画像解像度	2436×1125	バッテリー	通話 21時間
生体認証	Face ID	重量	174g
ストレージ	64／256GB	寸法	143.6×70.9×7.7mm

がスマホを動かしている！

📱【CPU】スマホの頭脳

CPU

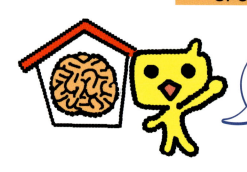

スマホの頭脳といわれるよ！
ぼくたち司令塔が働く
場所なんだ

　第1章で、こびとたちは「指示書」（＝プログラム）を読みながら仕事をするって説明したよね。

　みんながスマホアプリを使う時、CPUにいるこびとが「本棚」（＝ストレージ）から指示書を取って来て、読みながら仕事をしているんだ。

　CPUの性能はクロックという値で測られる。たとえばあるスマホの性能表には 2.2GHz＋1.8GHz、8コアと書いてある。これは、1秒に22億回計算できるこびとと、18億回計算できるこびとが入っているって意味だよ。GHzは「1秒間に10億回」という意味の単位なんだ。8コアと書いてあったら、これはこびとが8人入ってるって意味だ。

こびとは1秒間に
22億回も計算できる！
すごい！

※このスマホはシャープのAQUOS R compact SH-M06だよ。iPhone Xを作ったAppleは詳しい性能表を公開していないんだ。だから、速いこびとが2.39GHzなのはわかるのだけど、遅いこびとのクロックはわからないんだ。

36　第4章 スマホの中のこびとたち

性能表を見てみよう！

GHz = 1秒間に10億回

2.2GHz+1.8GHzと性能表に書いてあったら…

8コア…こびと8人

保護者のみなさまへ

【iPhoneXが使っているA11 Bionicの中身】

　A11 Bionicの中身を少し深追いしてみましょう。まず、計算速度の速いコアが二つ、計算速度は遅いが電力消費量の少ないコアが四つ入っています。バッテリーの残量によって、どのコアを使うかを切り替えることでバッテリーを長持ちさせるわけです。

　この六つは指示書を使っていろいろな処理ができますが、その他にも用途特化のコアがあります。まずグラフィック処理専用の「GPU」が3コアあり、これは画像を回転したり、3次元のデータから2次元の画像をつくったりという仕事に特化したものです。こびとに例えるなら、特定の仕事しかできない代わりに、汎用のこびとよりその仕事に関しては性能が良い専門職こびとです。

　この他に、加速度センサー関連が専門の「モーションコプロセッサ」と、顔認識などが専門の「ニューラルエンジン」が一つずつあり、これらが一つの黒い正方形のチップの中に詰め合わされている、それがA11 Bionicです。

🤖【メモリー】CPUこびとの作業台

　CPUのこびとは、指示書を「作業台」（＝メモリー）に広げて、仕事をするよ。指示書だけではなく、一時的に使うデータなども全部作業台に置いて作業するんだ。だからもし作業台が小さすぎて、作業中にいっぱいになってしまうと、こびとさんはプログラムを実行することができなくなって異常終了してしまうんだ。

　このメモリーの大きさは、スペック表によってはRAMと書かれていることもある。例えば3GBと書いてあったら、英数字だけなら30億文字分、漢字なども含めるなら10億文字分のサイズになる。写真だとカメラの性能にもよるけどおよそ2000枚。音楽だとCD音質で50時間ぐらいだよ。

🤖【ストレージ】指示書やデータを保管する本棚

　こびとさんへの指示書や、みんながスマホで撮った写真・動画などは、「本棚」（＝ストレージ）に収納されるよ。

　作業台に置いたものは電源が切れるとなくなるけど、本棚にしまうと電源が切れても大丈夫。

　ただ、本を出し入れするのには作業台の上の本を読むよりも時間がかかるんだ。だから作業台と本棚を使い分けるんだよ。

　ストレージの大きさは、スペック表によっては容量やROMと書かれている。たとえば32GBとか64GBのものがあるよ。大きいほど、長時間の動画などの大きいデータを保存できるよ。

38　第4章 スマホの中のこびとたち

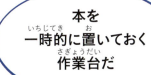
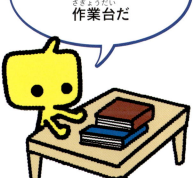

 保護者のみなさまへ

【RAMとROM】
　世の中にはメモリーのことをRAM、ストレージのことをROMと表現するサイトもありますが、私たちとしては補足をせずにはいられません。
　RAMはRandom-Access Memory（どの位置でも読めるメモリー）の略、ROMはRead-Only Memory（書き込み不可・読み出しのみのメモリー）の略です。しかし、今のスマホに搭載されているものは、メモリーもストレージもどちらも、どの位置でも読み書きできるものです。これらの用語は1950年ごろに作られた古いもので、今となっては名が体を表していません。
　とはいえ、実はスマホのストレージをROMと呼ぶことが間違いとは言えません。1956年に一度だけ書き込み可能なProgrammable ROM（PROM）が発明され、1971年に強い紫外線を当てることで何度も消去と再書き込みが可能なErasable Programmable ROM（EPROM）が発明されました。そして、1983年に電気的に消去と書き込みができるElectrically Erasable Programmable ROM（EEPROM）が発明されます。このEEPROMが、今のスマホのストレージやUSBフラッシュメモリーの正体です。
　ROMという言葉は、60年以上もの間、書き込みが可能なメモリーに対しても使われてきたのです。

📺【タッチパネル】人間にさわられた場所がわかる

　タッチパネルは画面のどこをさわったのかを電気のたまり方の変化で調べるよ。タッチパネルの中には、見えないけど透明な電極がたくさん置かれている。指が電極のそばにあると、電極によりたくさんの電気がたまるんだ。

　タッチパネルのこびとさんは、どの電極で変化があったのかをもとに、どこに指があるのかを推測して、CPUに知らせているよ。

　性能の良いタッチパネルでは、電極が細かくて指の位置の細かい変化を区別できたり、複数の指で同時にさわってもそれを区別できたり、指の素早い動きにもついてこられたり、そういう性能の差があるよ。

📺【画面】人間に見せるためにライトをつける

　画面には小さなライトがたくさん並んでいて、画面のこびとはCPUのこびとの指示に従ってそのライトをつけたり消したりするんだ。

　「解像度が高い」とはライトがたくさんあること。「画面が高精細」とはそれぞれのライトが小さいこと。ライトが小さければ、ギザギザが目立たなくなってくっきり美しい表示ができるよ。

　iPhone Xでは0.06ミリのライトが、1センチに158個並んでいるよ。

ぼくらが人間の相手をするよ

画面

　画面上のひとつの点（＝画素）は赤・緑・青の三つのライトでできている。それぞれ明るさを細かく指定はできるけど、でも色は３色しかないんだ。それでも黄とか白とかそれ以外の色も普通に見えているよね。これは隣り合った色がまざって見えるせいなんだ。人間の目は赤の光と緑の光をまぜて見ると黄色に見えるし、赤緑青の３色をまぜて見ると白に見えるんだ。

　画面上のどんな色も、この３色の光だけをいろんな比率で混ぜて作っているんだ。すごいね。

保護者のみなさまへ

【「色の三原色」と「光の三原色」】

　「画面上のどんな色も3色の光を混ぜて作っている」は大部分の画面で事実ですが、これは「世界中のどんな色も3色の光を混ぜれば作れる」という意味ではありません。

　三原色を混ぜるしくみの画面は鮮やかな黄色や水色を出すのが苦手です。そこで一部のテレビなどは黄色のライトを追加するなどの工夫をしています。

【バッテリー】こびとさんのご飯をためる場所

こびとさんは「食料庫」(＝バッテリー)の「ご飯」(＝電気)を食べながら仕事をするよ。ご飯がなくなると働けなくなってしまうんだ。

こびとが頑張って働くとたくさんご飯を食べる。だから動画やゲームなどのこびとがたくさん働くアプリを使うと、バッテリーがすぐに空になっちゃうんだ。

こびとが働くとこびとから熱が出てスマホが熱くなる。でもこびとは熱に弱いんだ。あんまり熱くなりすぎるとおかしな動きをする。だから熱くなりすぎたら休ませてあげようね。

バッテリーで働いているこびとは、電気が残り少なくなってきたときにCPUのこびとにそれを伝えて、電気を節約させることがあるよ。

> バッテリー
> 食料庫だよ！みんなが食べる電気を届けるよ

【通信装置】電波を使ってやりとりするよ

スマホでインターネットを使えるのは、通信装置のおかげ。通信装置のこびとは基地局のアンテナに向けて、電波を使って、文字や音声、動画をやりとりしている。電波による通信方法には種類がある。Wi-Fiや4G、Bluetoothなどがあるよ。通信方法によってつながりやすさや通信速度が違うよ。通信方法によって、広い範囲に届くもの、高速で移動中でも使えるもの、などいろいろな特徴があって使い分けているよ。

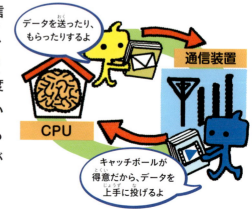

> データを送ったり、もらったりするよ
> キャッチボールが得意だから、データを上手に投げるよ

第4章 スマホの中のこびとたち

ギガバイトってどれくらいの大きさ?

1000兆バイト＝1兆キロバイト＝10億メガバイト
＝100万ギガバイト＝1000テラバイト＝1ペタバイト

PB

1兆バイト＝10億キロバイト＝100万メガバイト
＝1000ギガバイト＝1テラバイト

TB

情報の大きさ

スマホのストレージ（例 64GB）はこのへん
映画1時間（例 0.3〜10GB、画質による）
CD（例 650〜700MB）

10億バイト＝100万キロバイト
＝1000メガバイト＝1ギガバイト

GB

最近のスマホで撮った写真（例 1.4MB）

100万バイト＝1000キロバイト＝1メガバイト
MB

400字詰め原稿用紙（例 1200バイト）

1000バイト＝1キロバイト
KB

3バイト　漢字1文字分（例：“漢”）

8ビット: ●●●○○○○○
1ビット: ○か●

8ビット＝1バイト　アルファベット1文字分（例：“A”）

保護者のみなさまへ

【キロって1000？1024？】

「1キロバイト」という言葉は、1000バイトを指すときと、1024バイトを指すときがあります。1024は2を10回掛け合わせた数で、コンピューターの中で使われる二進法で表現すると「切りのいい数」になります。

電子機器技術評議会（JEDEC）が定めた標準規格ではキロバイトを1024バイトとしています。私たちも1024の意味でキロを使うことが良くあります。一方で、国際単位系ではキロを1000だと定めています。なのでキロメートルは1000メートルのことになります。

同じ「キロバイト」という言葉が複数の意味で使われることは混乱を招くので、国際標準化機構（ISO）は1024の方をキビバイトと呼ぶことを提案しています。

【簡単お絵かきアプリ】

01. 02行目を、画面左上の画素から、右下の画素まで繰り返す *1

02. 　　　画素のライトを赤、緑、青とも全部一番明るくする

03. 04行目から06行目を繰り返す

04. 　　　画面が指でタッチされるのを待つ

05. 　　　タッチされた場所をタッチパネルのこびとさんに教えてもらう

06. 　　　その場所の画素のライトを赤、緑、青とも全部切る *2 *3 *4
　　　　（ここで04行目に戻って繰り返す）

【注】

*1 この繰り返しが終わると画面は真っ白になるよ

*2 全部の色のライトを切ると画素は黒色になるよ

*3 タッチしながら指を動かすと、線が引けるよ

*4 このプログラムでは1タッチで1画素しか黒にしていないけど、これだと線が細すぎるかもしれないので、丸を描くように周辺の画素も黒にしたらいいかもしれないね

まとめ

　小さな体にたくさんの機能がつまっているスマホ。中ではこびとたちがいろんな仕事をしているんだ。画面やタッチパネル、通信装置もこびとが動かしていたね。
　こびとの性能はクロックという値で表され、値が大きいほうが性能がいいんだ。こびとの作業台（メモリー）や、情報をしまっておく本棚（ストレージ）も、数値が大きいほうが性能がいいことがわかったかな。

第5章

なかったことにできる!!

こびとさんはコピーを取るのが得意なんだ。
これを生かして、失敗しても"なかったこと"にできる
しくみが発明された。これはすごい発明なんだ。
このおかげで人間は失敗を恐れずに
試行錯誤ができるようになったんだ。
例えばお絵かきソフトの「Undo」(取り消し)や、
ファイルの自動バックアップ、
プロさんがプログラムを書くときに使っている
バージョン管理システムなどがあるよ。
今回はそれを紹介するね!

コピーや取り

お絵かきアプリ

「お絵かきアプリ」は、描いた絵をコピーしたり、失敗しても取り消したりできるこびとの特徴を生かしているよ。

お絵かきアプリ『ibisPaint X』

（株式会社アイビスモバイル）
【対応OS】　iOS 8.0、Android 4.1以降
※有料版あり

取り消し＆やり直し

絵の具やサインペンと違って、お絵かきアプリでは間違った線を引いても、①をタップして線を引く前に簡単に戻れるよ。
②をタップすると消した線が戻ってくるよ。絵の具やサインペンではこうはできないね！

「Undo」（取り消し）ボタンはアプリによってすこし形がちがう。

消しはこびとたちの得意技！

47

大発明の「Undo」機能

　みんなもお絵かきアプリで直前に描いたものを取り消したことがあるかな？　実はそれはコンピューターのすごい機能のひとつなんだ。

　「Undo」（アンドゥ）機能といって、直前にしたことを取り消すことができる。絵の具やペンで描き間違えてしまったら、紙だとまた描き直さなければいけないけれど、コンピューターは自動で記憶してくれているから、Undoボタンを押せば失敗してもその手前に戻ることができるんだ。

　Undo機能はお絵かきソフトに限らず、いろいろなソフトに搭載されているよ。探してみよう！

間違いを恐れなくてもよい

　間違えても元に戻ることができるから、人間は失敗を恐れずに気楽に描けるようになったんだ。失敗をなかったことにしてやり直せるなんてすごい機能だよね。

　間違えちゃいけない、どうやるのが正解かわからないから、わかるまでじっとしていよう、なんてことを思う人もいるかもしれないね。だけど、コンピューターを使う時には、間違えてもキレイに戻せることがたくさんある。間違いを恐れずに、どんどん試してみよう。どんどんたくさん試して、何をやったらうまくいかないのかを学んでいくことで、だんだんうまくできるようになるんだよ。

戻せないものもあるんだよ

　Undoで戻せないこともいくつかあるんだ。何が戻せて何が戻せないか考えるのが大事だよ。

　たとえばインターネット上に恥ずかしい写真を公開してしまったら、見た人がどんどん複製をするのでもう消すことはできないんだ。

　本名を出して恥ずかしい発言をしたら、10年ぐらいたって大人になった時に、名前で検索されて「子どもの時にこんな恥ずかしい発言をしているな」と見られてしまうかも知れない。

　インターネット上などの、家族以外の人が見ている場所に情報を出す時は、家族に相談してからにしよう。

古いものを取っておく

Undoの機能がついていなくても、古いデータをこまめに保存しておくことで、何か失敗した時に復活できるよ。

たとえばパソコンで夏休みの宿題として日記を書いているとしよう。だいたいのワープロソフトにはUndoの機能がついているけど、上書き保存してからソフトを終了したら元に戻せないかもしれない。夏休みの最後の日に、うっかり日記を全部消して上書き保存しちゃったら、大変だね。

でも、たとえば毎日寝る前に、ファイルをコピーして、名前に日付を入れて「0830_夏休みの日記」のように保存したら、たとえ31日に大失敗をしても大丈夫だね。

これをバックアップというんだ。ゲームのセーブみたいだね。

離れた場所にバックアップ

バックアップは、離れたところに取るのがいいんだ。たとえばパソコンの中でこまめに保存していたとする。でも夏休み最終日にうっかりお茶をこぼして、パソコンが壊れちゃうかもしれないよね。

1カ所に保存していると、たとえば地震などの災害でデータが失われてしまうかもしれない。だから、離れたところに取ると安心。

たとえばサイボウズは、お客さんが保存したデータを東日本と西日本にコピーして保存しているよ。どちらかの保管場所が災害で壊滅してもデータがなくならないようにしているんだ。

🔍 自動的にバックアップ

　自分でファイルに別名を付けて保存したり、自分で定期的に別の場所にコピーしたりするのは、ちょっと面倒だよね。

　今では自動的にファイルをバックアップしてくれるソフトウェアやWebサービスがある。

　パソコンの中に保存したものが、自動的にインターネットを使って送信され、遠くにあるサーバーに保存される。

　昔のファイルを取り戻したいなと思ったら、「バージョン履歴」を見て、戻したいバージョンを選ぶんだ。

　お絵かきソフトも1本線を引くたびに自動的にバックアップをしているんだ。だからUndoボタンを押すと、バージョン履歴の一つ前のバージョンに戻るんだよ。でもソフトを終了すると履歴が消えちゃうものが多いから気を付けてね！

🎬 ブラウザの「戻る」はUndoではない

　ブラウザの「戻る」ボタンは、やってしまったミスを取り消すUndoボタンと似ているね。でも、戻るボタンは直前の操作を取り消すわけではないんだ。

　インターネットでショッピングをしていて、購入ボタンを押したあと、やっぱり違うものにしようと思って戻るボタンを押しても、それは前のページに戻っただけ。購入したことをキャンセルすることにはならないんだ。英語で言うとUndoではなく「Back」だね。

　前のページに戻るボタンと、お絵かきアプリのUndoボタンは、その働きや意味が違うんだ。

52　第5章 なかったことにできる!!

バージョン管理システム

　プロさんがプログラムを書くときも、良く失敗をするよ。上手く動くはずだと思っていろいろ書き換えてから、勘違いに気付いて元に戻したくなることもある。

　なのでプロさんは区切りのいいところで、こびとさんにバックアップの指示を出すよ。自動でバックアップするのじゃなく、明示的に指示を出すのは、どういう変更をしたかの説明を書いて、後から見返せるようにするためなんだ。このバックアップと説明をたくわえるしくみのことを、バージョン管理システムと言うよ。

　プロさんが良く使っているバージョン管理システムには、全世界で2000万人のユーザーがいて、5700万のプロジェクトがあるよ。すごく大勢の人が使っているね！

保護者のみなさまへ

【バージョン管理システムの機能】

　自動バックアップではバージョン履歴が一本道でしたが、バージョン管理システムでは枝分かれもします。枝分かれは、複数人で同じものをつくる時に便利です。

　失敗した時に小さい単位でUndoができるように、小さい単位でこまめにバックアップをしたいです。しかし、プログラムは各部品が他の部品と複雑に影響しあっているので、ある場所をいじったせいで他の場所が動かなくなることが多々あります。特に複数人でプログラムを書いているときには、自分が作業をしている最中に他の人の変更の影響でプログラムが動かなくなると、自分の変更のせいかなと思って混乱するので困ります。自分はこまめにバックアップを取りたいけども、他人がバックアップを取ったことの影響が自分の作業中のプログラムに影響してほしくないのです。

　そこで、修正を始める時に、今の最新版をコピーして新しい枝（ブランチ）を作り、そのブランチの中で自分だけがバックアップを取りながら作業をします。作業が一段落してから本流に合流（マージ）します。

　バージョン管理システムには、枝分かれの管理機能や、合流の支援機能、ファイルを効率よく保管するために変更した差分だけを保存する機能などがあります。

　p.52の「自動的にバックアップをしてくれるソフトウェア」はDropboxをイメージして書きました。また「プロさんが良く使っているバージョン管理システム」とはGitHubのことです。サイボウズ製品のソースコードもGitHubで管理されています。

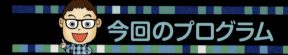

【お絵かきアプリ】

01. 02行目を、キャンバスのすべての画素について繰り返す

02. 　　　画素の色を白にする

03. 04行目から11行目を繰り返す

04. 　　　もしキャンバス内をタッチされたら、[*1]

05. 　　　　　　タッチされた画素の色を黒にする

06. 　　　　　その画像に管理用の番号をつけて保存する

07. 　　　　　次に保存するときは、今の番号+1の番号を使う

08. 　　　もしundoボタンをタッチされたら、

09. 　　　　　　今の管理番号のひとつ前の番号の画像を表示

10. 　　　もしredoボタンをタッチされたら、

11. 　　　　　　今の管理番号のひとつ後の
　　　　　　　番号の画像を表示
　　　（ここで04行目に戻って繰り返す）

【注】

＊1 このように「もし〜」の条件で実行してほしい命令が多くて、一行では書き
きれない場合があるよ
そういう場合は複数行にわたって書くのだけど、このスタイルを「ブロッ
ク・イフ」と言っているよ
実際のプログラムではよく見かける書き方なんだ
ブロック・イフの場合も、条件付きで実行してほしい命令がどこまで続いている
のかわかりやすいように、この例のようにインデント（字下げ）する人が多いよ

まとめ

「Undo」（アンドゥ）機能の凄さがわかったかな？
間違えても「なかったことにできる」から、失敗を恐れる必要がなくなる。
「Undo」が使えなくても、古いデータを保存しておけば、失敗しても復活
できる。これをバックアップといったね。プロさんたちが仕事で使うバ
ージョン管理システムもこのしくみを使っているんだ。
ただし、元に戻せる情報と、戻せない情報があることには要注意だよ。

正しい知識を
持って遊べば
楽しいけれど
注意も必要だ！

55

第6章
インターネットの しくみ

インターネットは情報をやりとりするために
コンピューターをケーブルでつないだところから始まった。
つながった方が便利なので、
たくさんの人がどんどんコンピューターをつないでいって、
みんなのおうちでもつながるようになったんだ。

こびとはコンピューター

コンピューターには番号がついている

　コンピューターの中のこびとさんが他のコンピューターに通信する時に、IPアドレスという番号で相手を決めるんだよ。
番号で相手を決めるのって電話番号みたいだね。
　IPアドレスは電話番号と違って、0から255までの数値を四つ、点でつないで表現するよ。
　たとえば、毎日新聞社の www.mainichi.co.jp というコンピューターのIPアドレスは 54.230.108.99 で、
　サイボウズの www.cybozu.co.jp というコンピューターのIPアドレスは 103.79.14.42 なんだ。

毎日新聞社

【住所】
東京都千代田区一ツ橋1-1-1
【電話】
03-3212-0321（代表）

毎日新聞社WEB

【ホームページアドレス】
www.mainichi.co.jp
【IPアドレス】
54.230.108.99

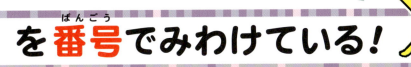

を番号でみわけている！

番号はわかりにくいから名前を付ける

　でもこんな数字だらけの番号を人間が覚えるのは大変だよね、だからわかりやすい名前を付けて使うんだ。これをドメイン名って言うんだよ。たとえば毎日新聞のドメイン名は www.mainichi.co.jp だよ。サイボウズのは www.cybozu.co.jp だ。毎日新聞やサイボウズだってことがわかりやすいね。

　でも、こびとさんが通信をするときに使うのは、ドメイン名ではなくIPアドレスなんだ。

　だから、みんながこびとさんに「www.mainichi.co.jp を表示して」と言うと、こびとさんはまずそのドメイン名からIPアドレスを調べて、通信をするよ。

　電話帳で電話番号を調べてから電話するようなものだ。その調べるしくみをDNSって言うんだ。

保護者のみなさまへ

【IPv4とIPv6】

　ここでは話を簡単にするために毎日新聞社のIPアドレスを一つだけ紹介しましたが、実際には負荷分散のためにたくさんのIPアドレスを使っています。

　この四つの数値で表現するIPアドレスは全部で43億個ありますが、コンピューターが増えたので足りなくなるのではないかと議論されています。このIPアドレスのしくみ（IPバージョン4、IPv4）が1981年に考案された時には、コンピューターがそんなに増えるとは思わなかったのでしょうね。

　このIPバージョン4（IPv4）の代わりに、新しいIPアドレスのしくみ（IPバージョン6、IPv6）が1999年から使われており、そちらは340兆の1兆倍の1兆倍の個数があります。しかし、いま主流のIPv4と互換性がないため、なかなか移行が進んでいません。

ドメイン名のしくみ

www.mainichi.co.jp も www.cybozu.co.jp も co.jp で終わっているね。jp は日本（Japan）という意味で、co.jp は日本の会社という意味になるよ。
　他には、経済産業省は www.meti.go.jp、文部科学省は www.mext.go.jp だ。go.jp は日本の政府機関という意味なんだ。それから、東京大学は www.u-tokyo.ac.jp だ。ac.jp は日本の学校ということだね。
　日本以外も見てみよう。通販サイト Amazon の日本のドメインは www.amazon.co.jp だけど、中国のは www.amazon.cn、イギリスのは www.amazon.co.uk、ドイツのは www.amazon.de だよ。
　違う国の商品を眺めてみると、日本では見たこともないようなものが売られていたり、逆に日本のマンガが翻訳されて売られていたりして面白い。インターネットが世界中につながっているから眺められるんだ。

保護者のみなさまへ

【トップレベルドメインと日本語ドメイン】

　ここで紹介した .jp, .cn, .uk, .de などのことをトップレベルドメインと言います。
　ここでは国別のトップレベルドメインばかり紹介しましたが、そうではないものもあります。有名なのが世界中誰でも登録できる .com ですね。実はサイボウズは cybozu.com も持っています。また、ここではアルファベットのドメイン名ばかり紹介しましたが、たとえば毎日新聞社は毎日.jp というドメイン名を持っています。この日本語ドメインは、実は一旦 xn--wgv94k.jp というドメイン名に変換されてからアクセスされます。なので、xn--wgv94k.jp に直接アクセスしても毎日新聞のページが表示されます。

ルーターのお仕事

　みんなのおうちには、たぶんインターネットにつなぐための「ルーター」という装置があると思う。ルーターのなかのこびとがどんなお仕事をしているのかをみてみよう。たとえば新しいスマホを買ってきて電源を入れた時、そのスマホのIPアドレスはまだ決まっていないんだ。IPアドレスが決まらなければスマホのこびとはインターネットにつながることができない。じゃあどうやって決まるのかな？

　実は、スマホに無線LANの設定をして、ルーターに接続したときに、ルーターのこびとがIPアドレスを決めてスマホのこびとに教えるんだ。

　スマホのこびとは、自分でできないことは全部ルーターのこびとにお願いする。たとえばドメイン名からIPアドレスへの変換がそうだ。

　ルーターのこびとも、自分にできないことはインターネット上の別のサーバーのこびとに問い合わせるよ。

ルーティング

　メールや動画などのデータは「パケット」という小さい単位に刻まれて、それぞれに宛先が書かれて送られるんだ。小包みたいだね。

　ルーターのこびとは、小包を振り分ける仕事もしているよ。たとえばスマホのこびとが「サーバーCさん、動画をください」って書いた小包を渡してくる。ルーターのこびとは宛先を見て、もし知っている番号だったらそこへ送るよ。たとえばサーバーからスマホあてに動画の小包が届いたら、それをスマホに渡すんだ。

　でも知っている番号ではないときは、それを知ってそうな別のルーターに「これを送っておいてください」って頼んでそれでおしまい。無責任な方法だって思うかもしれないけど、このしくみで必ず行き先が見つかるよ

60　第6章 インターネットのしくみ

うに、ネットワークエンジニアが設定しているからうまくいくんだよ。すごいね！

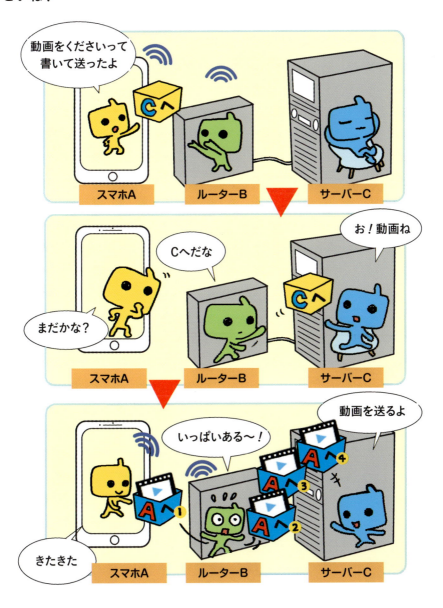

【スマホAがサーバーCに動画をリクエストした】

【スマホAがサーバーCに動画を送った】

世界は線でつながっている！

　インターネットを使えば、日本に居ながらにして、中国やイギリスやドイツのこびとと通信できる。でもどうやって通信しているんだろう。家の中と同じように電波を飛ばして無線で通信しているのかな？
　いや、実はぜんぜん違う。インターネット通信のほとんどは有線なんだ。たとえば日本とアメリカは大きな海に隔てられているけど、海底にケーブルを引いてあるんだよ。
　海底8,000mの深さに敷かれているところもあるんだ。太さは深いところでは直径2cmくらいで、魚に食べられたり傷つけられたりしないように、保護膜で覆われているんだ。

今回のプログラム

【インターネットのルーティング】

01. もし宛先のIPアドレスが自分の管理している番号だったら、

02. その宛先がどの線につながっているのかを調べて、その線に送信する[*1]

03. そうでなければ、

04. デフォルトゲートウェイ宛に送信する[*2]

家庭用ルーター

業務用ルーター

【注】

＊1 家庭用のルーターでは、管理している番号はたいていの場合20個未満だと思います。
　　ですからどの線に送るかを決めるためには、20行程度の表を見て調べる能力があればいいので、そんなに大変なことではありません（単純に20回比較するとか）。
　　業務用のものはもっと台数が多い場合を想定して、いろいろな工夫がされていると思います。

＊2 デフォルトゲートウェイっていうのは、ルーターが知らないあて先のときに送る送り先のことです。たいていの家庭用ルーターでは家の外へ向かっていく線は一本で、デフォルトゲートウェイは家の外にあるので、その線で送信することになります。

まとめ

　インターネットにつながるコンピューターにはIPアドレスという番号がついている。こびとはこの番号を使って通信相手を見分けているんだ。
　IPアドレスはルーターという専用コンピューターが割り当てている。ルーターのこびとはパケットという情報の小包を仕分ける仕事もしていたね。

　インターネットを使えば、日本に居ながらにして世界中と通信できる。そのほとんどは海底深くに敷かれたケーブルを経由しているんだ。

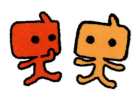

65

第7章

こびと同士の会話

第6章では、インターネットのしくみを学んだ。
遠く離れたコンピューターと
海底ケーブルでつながっていて、
そこを情報が通っていることが理解できたね。
この章は、コンピューターの中のこびとたちが、
どうやって情報をやりとりしているのかについて知ろう。

"縺才縺、綢懊え縺コ"
こんな風に、文字が読めない
メールやサイトが表示された
ことないかな？

やりとりする

66　第7章 こびと同士の会話

こびとの正しい会話

こびとが決めごとを間違えると…

ための決めごとがある!

光の点滅パターンで伝える

　文字や画像を伝えるために、コンピューターはどう働くのだろうか。中にこびとがいると想像してみよう。

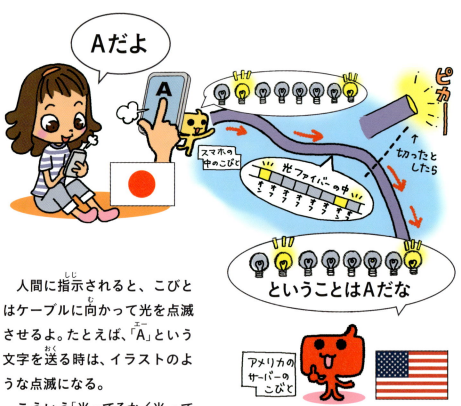

　人間に指示されると、こびとはケーブルに向かって光を点滅させるよ。たとえば、「A」という文字を送る時は、イラストのような点滅になる。
　こういう「光ってるか／光ってないか」のような2通りの状態を取る情報を、プログラマーはよく0と1で表現するよ。この絵のAの光りかたは0と1を使って01000001と書かれるんだ。
　8個の0と1で表現できる点滅パターンは全部で256通りあるよ。これだけあれば、アルファベットの大文字・小文字や、いろいろな記号を加えても十分ゆとりがある。

こびと同士の決めごと

　どういう点滅が見えたら「A」という意味にするかとか、通信を始める前にいろいろな決めごとをしておく必要がある。こういう決めごとを「プロトコル」というよ。

　たとえば「n」は 01101110 なのだけど、受け手のこびとさんがチカチカを並べる向きを勘違いしていて逆に並べると 01110110 になるね。これは「v」という意味になってしまう。並べる向きとか、文字の区切りはどうするのかとか、いろいろな決めごとが必要なんだ。

　送り手のこびとと、受け手のこびとが、事前にきちんと決めごとを共有していないと、間違って伝わったり、受け手が勘違いをしてしまったりする。画像や動画も点滅で送るんだ。インターネットがうまく動くためには、こびとたちがきちんと決めごとを共有して、それに従ってチカチカすることが大事なんだ。

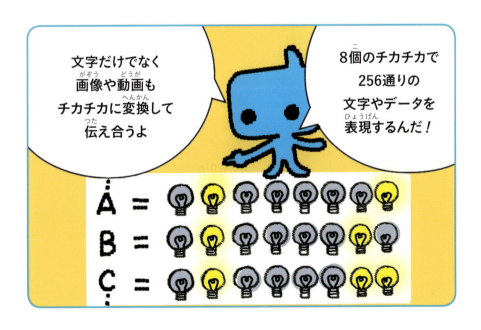

モールス信号も「決めごと」

コンピューターが生まれる前に、離れた人間が情報をやりとりするためにつくった「決めごと」に、モールス信号というものがある。

たとえば「崖の上のポニョ」の中で、ライトの光を点滅させて通信をしているシーンがあった。だから知っている人もいるかもしれないね。

短い点灯と長い点灯を組み合わせて文字を表現するんだ。短いのを「ト」長いのを「ツー」と呼ぶなら、「トツー」が「A」で「ツートトト」が「B」だよ。

モールス符号の例

アルファベット	
文字	符号
A	・−
B	−・・・
C	−・−・

日本語	
文字	符号
イ	・−
ロ	・−・−
ハ	−・・・

数字		
数字	符号	略体
1	・−−−−	・−（Aと同じ）
2	・・−−−	・・−（Uと同じ）
3	・・・−−	・・・−（Vと同じ）

保護者のみなさまへ

【電信網と通信の発達】

モールス符号が発明されたことで低品質なケーブルでも遠くに情報を送信できるようになりました。アメリカでは、大陸横断電信システムが作られ、それまで駅馬車で3週間かかっていた情報伝達が瞬時に行なえるようになりました。

こうやって電信網が整備されたことで、その通信回線を用いてより効率の良い情報伝達ができないかという研究が盛んになります。その中で生まれてきたのが、穴の開いたテープによって情報を入力する装置です。人間がボタンを操作して送信するのでは高速化ができないので、事前に紙テープの形で入力しておいて、それを機械が送信するわけです。

コンピューターが生まれた時、この技術が転用されました。初期のコンピューターは今のコンピューターのようにキーボードを持っていませんでした。代わりに紙テープを読み込ませてプログラムを入力したのです。"EDSAC initial order"で検索すれば、ケンブリッジ大学が公開している大昔のプログラムの紹介ポスターが見つかります。

2進表記と16進表記

　情報を0と1で表現する方法を2進表記と言うよ。でも、たとえば01000001のように長くなってしまって大変だ。

　そこでもっと楽をするために、四つごとに区切って、それを1文字で表記する方法が発明されたよ。これを16進表記というんだ。

　「これは16進表記ですよ」と示すために、頭に0xと付けることがプログラマの間ではよく行われるよ。

2進表記と16進表記の対応表

2進表記	16進表記
0000	0
0001	1
0010	2
0011	3
0100	4
0101	5
0110	6
0111	7

2進表記	16進表記
1000	8
1001	9
1010	A
1011	B
1100	C
1101	D
1110	E
1111	F

　たとえば0xA3FEと書いてあったら、これはつぎの図のような16個の0と1をコンパクトに表現した物なんだよ。

2進表記	1010	0011	1111	1110
16進表記	A	3	F	E

「決めごと」の乱立

　コンピューターのこびとが情報をやりとりするためには、こびとたちがおなじ決めごとに従う必要がある。だったら、すべてのこびとが同じ決めごとに従うようにしたらいいよね。それが理想だ。でも、人間の社会はなかなか理想通りには動かない。

　68ページで紹介した「Aは01000001」という決めごとにはASCIIという名前がついている。ASCIIが決められて、みんながそれに従っただろうか？　残念だけど、そうはならなかった。このASCIIが決められた年、当時のコンピューターの最大手だったIBMが別の決めごとEBCDICを決めてしまったんだ。EBCDICだと「Aは11000001」だ。全然違うね。

　大きい会社にとっては、自分たちで決めごとを作る方が都合が良い。でも、こうやって決めごとが複数出来てしまうと、お互いに変換することが必要で大変だ。しばらくすったもんだがあった後で、ASCIIが主流になったんだよ。

日本語はどうやって表現する?

　8個の点滅で表現できる点滅パターンは全部で256通りあるから、アルファベットの大文字小文字や、いろいろな記号を加えても十分ゆとりがある、ってさっき説明したね。だから、英語をしゃべっている人たちは「1文字は8ビット（八つの点滅）で十分だ」と考えたんだ。

　コンピューターが普及して日本で使われるようになった時、漢字は256種類以上あるから1文字8ビットでは無理だと気付いた。

　そこで16ビットで表現する新しい「決めごと」が作られたんだ。16ビットだと65536種類の文字が表現できるよ。

　残念なことに、この「決めごと」もいくつも作られてしまった。日本の国内だけでもいくつかある。

中国語とかも漢字が多いから独自の「決めごと」がある。国ごとに、その国の文字を表現するための「決めごと」が作られてしまった。インターネットによって異なる国の人とやりとりをすることが増えたのにこれでは大変だ。そこで今では全世界の文字を表現できるユニコードという「決めごと」を作っていこう、という流れが主流だよ。

　昔作られたウェブサイトなどで、意味不明な文字が表示されてしまうものがある。これを「文字化け」って呼ぶんだ。「決めごと」の食い違いによって起きるんだよ。

⚙ 決めごとは変わっていく

　前の章でIPアドレスの話をしたよね。実はコンピューターがすごく増えて、IPアドレスが足りなくなってきたから、増やさなきゃいけないんだ。でも、今まで使われてきた決めごとでは、増やすことができない。アドレスを書く場所が決められていて、もう増やす余裕がないんだ。だからアドレスを増やすためには新しい決めごとを作らないといけない。

　いろいろな理由で、新しい決めごとを作らないといけない時があるんだ。文字を表現するための決めごとがいろいろ変わったように、情報の伝え方の決めごとも変わっていっているんだ。

「決めごと」はどんどん変わるから、僕らも日々勉強が必要なんだ。

【文章の中の全角英数字を半角にするよ】*1

01. 02行目から07行目までを繰り返す

02. 　　もし文章の終端に達していたら終了

03. 　　文章から1バイト（8ビット）を受け取り、
　　　その値をaとする

04. 　　もしaが128未満だったら、aを出力して、
　　　02行目へ戻る *2

05. 　　文章から1バイト（8ビット）を受け取り、
　　　その値をbとする

06. 　　もしaが163じゃなかったら、aを出力して、
　　　bも出力して、02行目へ戻る *3

07. 　　bから128を引いた値を出力する
　　　（ここで02行目に戻って繰り返す）

【注】

＊1 このプログラムでは、入力はEUC-JPという決めごとで表現されていることを前提にしています。

このプログラムでは記号やスペースは半角化されません！

このプログラムではEUC-JPの補助漢字（3バイトコード）を想定していないので、そういう文字があるときは誤動作します。ごめんなさい！

＊2 128未満の数の場合、それは半角文字を1バイトで表しているものなのでそのまま出力して次の文字に進みます。

128以上の場合は2バイト文字なので、次の1バイトも受け取ってから判断して処理をします。

＊3 163という数がいきなり出てくるので説明します。まず、163は0xA3を10進数で書いたものです。

そしてEUC-JPでは0xA3A1〜0xA3FEに全角の英数字が割り当てられています。

だからこの範囲の文字が来た時だけ0x21〜0x7Eに変換して出力してやります。これは半角の文字コードです。

どう変換するかですが、まず最初の0xA3（163）を読み捨てます。これで0xA1〜0xFEになります。

さらに128を引き算します。そうすると目的の0x21〜0x7Fになるのです。パズルみたいですね。

そのほかの文字が来たときは変換せずに出力します。

🖥 まとめ

こびとたちがどうやって情報をやりとりしているかがわかったかな？

こびとの扱う情報は0と1の点滅するパターンで表される。このパターンは8ビットなら256通りもあるから、これだけでアルファベットは大体表現できてしまうんだ。

たくさんの漢字を使う日本語は、256通りでは足りないね。だから16ビットや24ビットの「決めごと」を使っている。

第8章
宇宙の声をきくこびと

スマートフォンなどで地図を見ると、
自分の今いる位置が分かって
とっても便利だよね。
だけど、スマートフォンの中のこびとは、
いったいどうやって自分がいる位置を知るのだろう？
実は、宇宙からの電波を使うんだ。

人工衛星みちびき
準天頂衛星「みちびき」は、
日本のほぼ真上を通るように打ち上げられた
人工衛星なんだ。
スマホが位置を知るための電波を
出しているよ。

スマホの

Googleマップ

スマホアプリの「Googleマップ」を使えば自分がいまどこにいるかすぐ分かるよ。

▼人工衛星みちびき

ポケモンGO

「ポケモンGO」のように、位置情報を使ったゲームも大人気だね。

こびとは自分の位置がわかる！

写真提供：JAXA

77

遠い宇宙からの電波

　全地球測位システム（GPS）という言葉を聞いたことはあるかな。

　今、地球の周りをたくさんの人工衛星が回っている。いろいろな種類の人工衛星がある。

　そのうちの三十数基は位置を測定するための特別の電波を出しているんだ。これをGPS衛星と呼ぶよ。

GPS衛星から発信された電波を受信することでスマホの中のこびとは自分がどこにいるかを判断するんだ。

78　第8章 宇宙の声をきくこびと

位置が分かるしくみ

　GPS衛星からの電波を使って、どうやって位置を知るのだろう？イラストを見てみよう。
　GPS衛星は、衛星自身の場所と、今の時刻を電波に乗せて飛ばすよ。
　電波は秒速30万キロメートルととても速いけど、それでも1キロ進むのに3マイクロ秒かかる。
　イラストの男の子は衛星Aに近いから、Aからの電波が早くきて、Bからの電波が遅くくる。
　一方、女の子は衛星Bに近いから、Bからの電波が早くきて、Aからは遅くくる。

　スマホの中のこびとはこの時間のズレを正確に計測して、宇宙から見て自分がどこにいるのかを判断するんだよ。
　イラストでは衛星を2基だけ描いたけど、本当は4基使って場所と高さを特定するんだよ。

GPS衛星はとても遠くにある

　国際宇宙ステーションで宇宙飛行士がいろいろな実験をしているってニュースを見たことがあるかな？

　宇宙っていうとものすごく遠くだと思うかもしれない。だけど地表から国際宇宙ステーションまでは400キロメートルくらい。これは東京と神戸の間の直線距離ぐらいだ。意外と近いね。GPS衛星はその50倍くらい遠くにある。これは地球の直径ひとつ分よりも遠いんだ。

　人工衛星は遠くに行くほどゆっくり地球を回る。国際宇宙ステーションは時速28000キロメートル、つまり新幹線の100倍くらいの超高速で回っていて、91分で地球を一周する。GPS衛星は時速14000キロメートルで回っていて、地球から遠く一周が長いから、12時間で一周する。

　日本は最近、日本の天頂付近にとどまる準天頂衛星「みちびき」を今あるGPS衛星のさらに2倍くらい遠いところに打ち上げたんだよ。みちびきは今のGPS衛星よりもさらに遠くにあるから、さらにゆっくり回る。地球を24時間で一周するので、だいたいいつも日本の上空にいるんだ。この衛星を使うことで今後日本でのGPSの精度が高くなるんだよ。

衛星からの距離が違う？

　GPS衛星は地表から2万キロメートルのところを回っているのに「近い」とか「遠い」とかってどういうことだろう、と思った人もいるかな？

　人工衛星は地球の中心の周りをまわっていて、みんなは地球の表面に立っているからだよ。図を見てみよう。

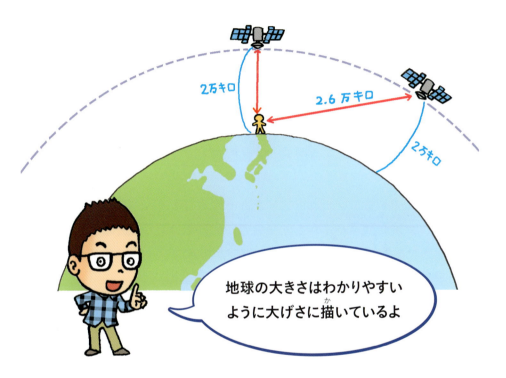

地球の大きさはわかりやすいように大げさに描いているよ

保護者のみなさまへ

【GPS衛星までの距離】

　この図では違いをわかりやすくするために、衛星の軌道を実際よりも低めに描いています。実際には地球の半径がおよそ6400キロメートル、GPS衛星の軌道高度は2万キロメートルなので、GPS衛星は近い場合でも3倍くらい遠くにあります。

電波を受けるだけのこびと

　第7章ででてきたスマホを電波でインターネットにつなぐこびとと、今回のGPS電波を聞いているこびとさんはまったく違うよ。

　どちらも電波を使うけど、インターネットにつなぐこびとは、自分で情報を送ったり受け取ったり、両方をする。

　今回のこびとは、GPS衛星からの電波を受け取るだけで、自分では電波を送らない。

　実は電波の種類も違うんだ。用途に合わせて使い分けているんだよ。

人工衛星の中のこびと

　人工衛星の中にもコンピューターがあってこびとさんが働いているんだ。たとえば、太陽光発電パネルを太陽の方に向けないと電気がなくなっちゃう。アンテナを地球の方に向けないと通信ができない。GPS衛星のこびとは現在時間や自分の位置を計算して送信しているよ。

　宇宙での計算は地表よりも大変なんだ。放射線がどんどん飛んでくる。放射線がコンピューターにあたるとビリッと電気が流れるんだ。このせいでコンピューターが誤動作してしまう。

　地表のコンピューターで仕事をしているこびとさんが、たとえば教室の机で計算しているようなものだとしたら、宇宙のコンピューターで仕事をしているこびとさんは、森で虫に刺されたり雨にうたれたりしながら計算しているようなものだ。計算間違いしちゃうのも仕方ないよね。

　だから研究者は宇宙でもこびとさんが仕事をできるように日々研究しているんだ。コンピューター自体を改良したり、3人のこびとさんで同じ内容を計算して多数決を取ったりしているよ。

保護者のみなさまへ

【人工衛星に採用されたマイコン】

　3人のこびとが多数決を取るしくみは、2005年に打ち上げられた人工衛星「れいめい」で採用されたものです。1995年に発売されたマイコンSH-3を三つ使いました。三つのうちのどれか一つがおかしくなっても、残り二つが正しく動いていれば多数決を取ることで正しい結果を出せる、というわけです。二つ同時におかしくなるとダメですが、その確率は十分小さいので無視することにしました。

　2005年の衛星なのに、なぜ10年も前のマイコンを使ったのでしょう？ いくつか理由があります。まず、そもそも衛星の開発プロジェクトには10年前後の長い時間がかかります。次に古いマイコンの方が配線幅が太いことによって放射線の影響を受けにくかったこと。それから、SHシリーズは、SH-2がセガサターン、SH-3がZaurus、SH-4がドリームキャスト、と日本の家電製品によく使われていたため、量産効果が働き専用のマイコンを作るより安く入手できたことも理由の一つです。

地下ではどうする？

　地下では宇宙からの電波を受け取れないよね。でも、最近は地下でもスマホが自分の位置を判定できることが増えてきた。どうしてだろう？

　それは、地下に置かれた携帯基地局やWi-fiのアクセスポイントが増えてきたからだよ。

　基地局などが出す電波を観察することで「この電波が見えるならこのあたりだな」と判断しているんだ。

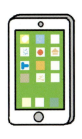

83

今回のプログラム

【現在位置を表示するよ】

01. GPSのこびとから現在位置を教えてもらう
02. もし受信可能な衛星数が足りなくて位置が不明だったら、
03. 　　　Wi-Fiの基地局からの電波を受信する
04. 　　　もし3局以上見つかったら、
05. 　　　　　電波の強度から基地局までの距離を計算して、
　　　　　　　複数の基地局からの電波で現在位置を計算
06. 　　　そうでなければ、
07. 　　　　　「現在位置がわかりませんでした」
　　　　　　　と表示して終了
08. 現在位置の地図を表示して終了

まとめ

　今回はみんなのスマホが自分の位置を知るしくみについて学んだよ。

　小さな手の中のスマホが、実は2万キロも離れた人工衛星からの電波を聞いているんだ。驚きだね。

　遠くからの電波を受信できる装置をスマホに入れられるくらい小さくしたのもすごい。

　そして複数の衛星と手元の装置が連携して位置を特定する「全地球測位システム」を実現したのもすごい。

　当たり前のように使えるけど、それはたくさんの人が物理や化学や数学を使って作ってきたものなんだよ。

第9章 みんなでつくる百科事典

調べものをするときに
とっても便利なウィキペディア。
使ったことがある人も多いだろう。
でも、いったい誰がどうやって作っているのだろう？
実は大勢のボランティアが協力して作っているんだ。
そのしくみを知ろう。

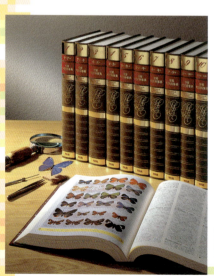

紙の事典
多くの項目からなる百科事典。
間違ってはいけないから、
それぞれの分野の専門家が
時間をかけて書き、
何度もチェックするよ。

離れたところ

ウィキペディア

インターネットの百科事典。
誰でも書けて、
すぐに見てもらえるよ。
項目も自在に増やせる。

離れた場所にいても
更新できるし、みんなでできて
とっても便利なんだ！

キントーン

サイボウズの提供している
グループウェア。学校のプログラミング講座でも使われているよ

にいるみんなが 協力 できる！

気楽な百科事典ウィキペディア

　紙の百科事典は、専門家が慎重につくっている。印刷物は間違いの修正が難しいからね。

　だけどウィキペディアは大勢のボランティアが気楽につくっている。日本語版だと13000人ぐらいのボランティアがいる。

　このボランティアがどんどん書き換えているんだ。いまでは全部で109万本の記事がある。第5章で説明したバージョン管理システムが使われていて、誰かがおかしなことを書いてしまっても、いつでも元に戻せるんだ。

（※ 2017年12月30日時点）

🔍 百科事典のルール

　ウィキペディアは誰でも書き換えられるけど、ちゃんと百科事典になるようにいくつかのルールがある。

　たとえば、ウィキペディアは百科事典だから、事実を書く場所であって、「わたしはこう思う」と書く場所じゃない。「わたしはこう思う」は解釈だから、人によって異なるんだ。なので、それを事実であるかのように百科事典に書くと、「間違っている！」と思った人が書き換えるので、編集合戦になってしまう。

　ウィキペディアに書きこむときには、あなたが考えたことではなくて、他の本などに書かれているという事実を書く。どの本に書かれているかという情報を出典という。ウィキペディアでは出典を書くことがルールなんだ。出典が書かれていれば「ほんとかな？」と思った人は、出典をたどって自分で検証できる。出典がしっかり書かれている記事が良い記事なんだよ。

新しいやりとりの形

　ウィキペディアには、記事ごとに、その記事について他の編集者と相談するためのページがあるよ。ここで会話したり議論したり、いろいろなやりとりをしているんだよ。

　これはインターネットのおかげでできるようになった、新しいやりとりの形なんだ。たとえば電話や対面で話すのは、話した内容の記録が残らない。手紙を書いて送れば文字に残るけど、やりとりに時間がかかって大変だ。インターネットが生まれたことで、ウィキペディアや電子メールやチャットなど、文字で高速にやりとりできる方法がたくさん生まれた。

　文字に残るから、やりとりの内容を後から読むこともできる。それに3人以上でやりとりすることもできる。

情報をまとめる場所

　チャットや電子メールで相談したら、やりとりは文字の情報で残るから、後から読み返せる。だけど、良く使う情報はいちいちやりとりを読むのが大変だから、どこかにまとめておきたいよね。

　たとえば会社で仕事をしていると、他の社員さんといろいろ相談したり、情報をまとめたりをたくさんする。なのでウィキペディアみたいにみんなで編集できるページを作って、そこにまとめる。

　このような、複数人のグループで使うソフトウェアのことをグループウェアというよ。チャットや電子メール、ウィキペディアもグループで使うから広い意味でグループウェアだ。

　ウィキペディアと違って会社の中で使っているグループウェアは公開されていないから、どれくらいあるかわからないね。実はサイボウズの作ったグループウェアだけでも、75000もの会社が使っている。使っている人は全部で何百万人もいるんだよ。

集まらなくても協力できる

　何人もの人が協力して何かをしようって時、昔は集まって作業をするしかなかった。でもウィキペディアは、集まらなくても作ることができた。

　インターネットを使った、新しいやりとりの仕方や、情報のまとめかたができたおかげだ。実はこの本も、グループウェアを使って相談しながら、インターネット上で記事を書いて作っているんだよ。

　会社での仕事も同じだ。みんなのおじいさん、おばあさんの時代には、会社に集まらないと仕事ができなかった。

　家族に赤ちゃんやお年寄りがいると、子育てや看病のために会社に行けないことが増えるよね。それが理由で仕事をやめる人もたくさんいたんだ。だけど、集まらずに仕事ができるようになると、家にいながら仕事ができ

るね。

子育ても忙しいけど、働く時間を減らして仕事を続けることもできるようになった。インターネットのおかげで、いろいろな働き方ができるようになってきているんだよ。

 保護者のみなさまへ

【Wikipediaは信頼できない？】

Wikipediaはボランティアが書いているから信頼できないのではないか、と思う方もいらっしゃるでしょう。

もちろん信頼できません。特に、新しく書かれて、まだ多くの人に見られていない記事は信頼度が低いです。他人の視点でチェックを受けた回数が少ないからです。

一方で、紙の本にも間違いがあります。出版社は各書籍のサポートページを作って正誤表を公開しています。専門家が書いて、何人ものレビュワーにチェックしてもらった本であっても、出版後にしばしば間違いが見つかります。

たとえば、代表的な国語辞書「広辞苑」は、2018年刊行の第七版で発売直後に「しまなみ海道」の島の名前の誤りが見つかり、修正カードが配られました。改訂作業には10年もかけていました。

人間は間違える生き物なので、確実に信頼できるものなどありません。繰り返し修正していくことで、徐々に信頼できる記述に近づいていくのです。

そんな状況でも、信頼度を高めるためのいくつかのテクニックがあります。たとえば日本語版Wikipediaを見て、記述量が少なかったり、正しさに疑念を持ったりしたとしましょう。

私の場合は英語版のWikipediaを見ます。英語版は過去30日に活動している登録編集者が13万人で、日本のおよそ10倍います。

他には、たとえばインターネットを検索する場合に、政府系ドメインgo.jpへの絞り込みを掛ける手もあります。

民間事業者が不正確な医療情報などを載せてアクセス数を稼ぎ問題になりましたが、政府系のサイトではアクセス数を稼ぐよりも正しいことを書くことが重視されますから信頼度が高いわけです。

【簡単なWikiプログラム】

01. もし「ページの表示」のリクエストだったら、
02. 　　データベースにページ名を渡して、ページの内容を受けとる
03. 　　ページ内容をwebブラウザでの書き方に合わせる（HTMLに変換する）
04. 　　変換したデータを送信して終了
05. もし「ページの編集」のリクエストだったら、
06. 　　データベースにページ名を渡して、ページの内容を受けとる
07. 　　テキスト編集画面用のデータを作って、初期値をページの内容にする
08. 　　さらに、編集できず画面にも表示されない要素として、ページの内容を入れておく *1
09. 　　できあがったデータを送信して終了
10. もし「ページの更新」のリクエストだったら、
11. 　　データベースにページ名を渡して、ページの内容を受けとる
12. 　　もしページの内容と非表示の要素が等しくなかったら、
13. 　　　　「書き込みが衝突したのでリロードしてやり直してください」と表示して終了 *2
14. 　　データベースにページ名と編集された新しい内容を渡して登録して終了

【注】

＊1 きっとほとんどの人は知らないと思うけど、webページには「表示されなくて編集もできないデータ」というのが隠されていることがあって、ここではそれを利用しているよ。
見えているページの内容のデータを「ページの更新」として送信するときに、このデータも一緒に送信されるんだ。

＊2 書き込みの衝突というのは、Aさんがwikiを編集している間にBさんもwikiを編集して更新してしまった事故のことなんだ。
この衝突を無視してAさんから送られたデータで上書きしてしまったら、せっかくのBさんの書き込みが消えてしまう。
だからそういうことがないように、衝突したら書き換えを保留する必要があるんだ。
世間の優秀なwikiの多くは、衝突した場合に、両方の編集結果をうまく混ぜて、「これでいいですか?」って提案してくれる機能も持っているよ。このwikiはそこまではできないけどね。
このプログラムでは、編集前の内容を隠しデータとして一緒に送ってもらって、それをデータベースの内容と比較することで衝突が起きていないことを確認しているんだ。

🖥 まとめ

　紙の百科事典とは違って、ウィキペディアは大勢のボランティアがつくっている。だから、内容を議論するためのページが記事ごとに設けられている。文字に残るから、やりとりの内容を後で読むこともできる。
　会社で仕事するときにも、ウィキペディアのようにみんなで編集できるページをつくって、そこに情報をまとめているんだ。こういうソフトウェアのことをグループウェアといって、サイボウズでもつくっているよ。
　グループウェアのおかげで、家にいながら仕事ができるようになったんだね。

第10章
こびとの指示書はこれだ！

コンピューターの中にいるこびとは、
仕事をする時に指示書（プログラム）がないと
動くことができない。
みんなが話すときは日本語を使っているけれど、
こびとに指示するためには、専用の言葉を使うんだ。
プログラムはどんなものなのだろう？
実際のプログラムを見てみよう。

C言語

```
int a = 0, i;
for(i = 1; i <= 10; i++){
    a += i;
}
```

プログラム

機械語

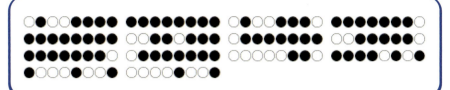

スクラッチ

なでしこ

カメ作成
6回
　　100だけカメ進む
　　60だけカメ右回転
ここまで。

種類がたくさんあるね！
「何がしたいか」によって
使い分けているんだ！

アセンブリ言語

```
     MOV  AL,0
     MOV  CL,1
lp:  ADD  AL,CL
     ADD  CL,1
     CMP  CL,10
     JBE  lp
```

Python

```
def start():
    penDown()
    for i in range(6):
        forward(100)
        right(60)
```

には種類がたくさんある！

実際のプログラムの例

　下の二つがこびとを動かすためのプログラムだよ。今コンピューターでできていることは、すべてこういった指示書によって動いているんだ。
　「スクラッチ」は、ブロックを組み合わせて指示するプログラミング言語だ。「ペンを下ろす」「6回繰り返す」など動きの指示ブロックを組み立てるとその命令通りに画面上のキャラクターが動くよ。そうやってできたのが画面上にある六角形だ。
　隣の「C言語」は、英語と記号がいっぱいだけど同じ内容の指示書だよ。プログラマーが仕事で書いているのは、こういう英語と記号を使ったプログラムだよ。

同じ指示をスクラッチで表現するとこうなるよ

言語にはたくさんの種類がある

Arduino（アルデュイーノ） スクラッチ Processing（プロセシング）
JavaScript（ジャバスクリプト） Python（パイソン） Java（ジャバ）
C（シー）言語
アセンブリ言語
機械語

スクラッチとC言語の二つを例にあげたけど、プログラミング言語には他にもたくさんの種類があるよ。

昔は人間にとって分かりにくいものだったけど、だんだん分かりやすい言語が作られて積み重ねられてきたんだ。プログラマーは「何がしたいか」によって言語を使い分けているんだよ。

機械語

まず、こびとさんが実行する「機械語」を見てみよう。

このプログラムは「1から10まで足し算せよ」という指示だよ。

機械語はオンとオフの集まりなので、ここではオンを白丸、オフを黒丸で表現した。

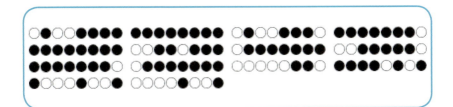

こびとさんはこれを読んで実行するんだ。昔はスイッチをオンオフしてこういう命令を入力していたんだよ。

📷 アセンブリ言語

オンとオフを組み合わせて機械語を書くのは、人間にはとても大変だ。だから昔の人は、もう少し人間に書きやすい形で書いてからそれを機械語に変換することにしたよ。これをアセンブリ言語っていうんだ。

アセンブリ言語で1から10まで足すプログラムはこうなるよ。ADD（足し算）とか、CMP（compare, 比較）とかの命令を組み合わせてプログラムを作るわけだ。

```
        MOV  AL,0
        MOV  CL,1
lp:     ADD  AL,CL
        ADD  CL,1
        CMP  CL,10
        JBE  lp
```

まずALを0、CLを1にする。それからALにCLを足し、CLに1を足し、CLと10を比較して、CLが10以下だったら3行目（lp）にジャンプ、と書いてあるよ。

📷 C言語

アセンブリ言語は人間が書きやすい形でプログラムを書くために生まれたのだけど、昔の人はもっともっと書きやすくしたいと考えてたくさんのプログラミング言語を作ってきた。その中の一つがC言語だよ。C（シー）言語で同じように1から10まで足すプログラムを書くとこうなるよ。

```c
int a = 0, i;
for(i = 1; i <= 10; i++){
    a += i;
}
```

98   第10章 こびとの指示書はこれだ！

int i ってなんだ

　このページの下の図のC言語のプログラムを深く掘り下げてみよう。

　スクラッチと比べると、「int i」っていうよくわからないものがあるね。これはなんだろう？

　これは「変数」だよ。このプログラムでは、こびとさんに「6回繰り返して」って指示したい。そのために、まず「いま何回目かを書くための場所を用意してね」ってこびとさんに伝えているんだ。

　その場所のことをこのプログラムでは「i」って呼ぶことにした。

　場所の名前は自由に付けてよいよ。たとえば「nankaime」（何回目）とか付けてもいいんだよ。

　5行目の「i = 0」は「その場所に0を書いてね」という意味だよ。最初に0にするんだ。

　「i < 6」は「そこに書かれている数が6より小さければ」という意味で「i++」は「そこに書かれている数を1増やしてね」という意味だ。

　この「for」って命令は「i < 6」が満たされている間、中かっこで囲われたブロックを実行するんだよ。

```
void start(void)
{
    int i;
    penDown();
    for (i = 0; i < 6; i++) {
        forward(100);
        right(60);
    }
}
```

C言語

forward(100)ってなんだ

　さらに前ページのイラストのプログラムを解説するよ。「forward(100)」と書いてあるね。これは「関数呼び出し」だよ。

　スクラッチの「100歩動かす」もC言語の「forward (100)」も、プログラムでは1行だけど、こびとさんはいろいろ細かいことをしている。

　たとえば「古い場所の猫を消す」「猫の場所を更新する」「線を引く」「新しい場所に猫を描く」とかね。

　こびとさんには「100歩動かす」とはどういうことかを細かく全部指示しなきゃいけない。

　でも、毎回細かく指示するのは大変だから、よく使う指示は「関数」というかたまりにして、名前を付けておくんだ。

　たとえばこんな感じだよ。

```
forward(X)とは:
  1: ネコのいまのばしょをOLDとよぶことにする
  2: ネコをけす
  3: OLDに「ネコのむきにXをかけたもの」を足して
     ネコのあたらしいばしょとよぶことにする
  4: OLDからネコのあたらしいばしょにせんを引く
  5: ネコのあたらしいばしょにネコをかく
  6: ネコのあたらしいばしょを
     ネコのいまのばしょとよぶことにする
```

　こんなふうに関数を「定義」しておくと、プログラムの他の場所ではforward(100)って書いて、関数を呼び出して使うことができるよ。

　前のページで紹介したC言語のプログラムも実はstartという名前の関数定義だ。スクラッチの1行目にある「旗がクリックされたとき」に相当するコードがないよね。そのコードはどこか別の場所にあって、旗がクリックされたらこのstart関数が呼び出される設計にしたんだ。

JavaScript

　JavaScript（ジャバスクリプト）はインターネットのページを表示するプログラム「ブラウザ」の上で動くプログラミング言語だよ。

　みんながインターネットを見ている時、実はブラウザのこびとさんが、一生懸命JavaScriptで書かれたプログラムを実行しているんだ。

```
function start() {
  penDown();
  for(var i = 0; i < 6; i++) {
    forward(100);
    right(60);
  }
}
```

```
const start = () => {
  penDown();
  for(let i = 0; i < 6; i++) {
    forward(100);
    right(60);
  }
};
```

JavaScriptのプログラムはC言語風の見た目をしている。しかしより良い言語にしていこうといろいろな改善が行われていて、今では少し違う見た目の書き方もされるようになってきたよ。

🤖 Python

　Python（パイソン）は2017年に人気ナンバーワンになった言語だよ。C言語やJavaScriptでは中かっこを使ってブロックを表現していたけど、この言語は行頭の字下げ（インデント）を使ってブロックを表現するんだ。

　C言語やJavaScriptでも字下げをきれいにしてきたけど、実は字下げなしでも動く。プロさんたちがみんなになるべくわかりやすくしようとして字下げしただけなんだ。一方、Pythonはきれいに字下げしないと動かない。逆に言うと、ちゃんと動くPythonプログラムは、ちゃんと字下げされている。字下げをマナーではなくルールにしたことで、読む人が楽になるようにしたわけだ。

```
def start():
    penDown()
    for i in range(6):
        forward(100)
        right(60)
```

🤖 Java

　Java（ジャバ）はとても広く使われている言語だよ。たとえばAndroidで動くプログラムはJavaで書かれているんだ。

　JavaScriptと名前が似ているけど、別の言語だよ。プログラムの見た目はC言語とほとんど変わらないから省略するね。

🤖 Processing と Arduino

　ここまでで紹介してきたプログラミング言語は文字を並べてプログラムを作るよね。スクラッチはブロックを組み合わせてプログラムを作る。でも、プロさんは本質的な違いではないと思うよ。

102 第10章 こびとの指示書はこれだ！

それよりも大きな違いは、スクラッチ以外では、プログラムを作るための道具と、プログラムを実行するための環境が分かれていることだ。それぞれを準備しないとプログラムを実行できないからとっつきが悪い。

最近はプログラマーが仕事で使うプログラミング言語でも、作るための道具と実行するための環境がくっついた統合開発環境（ＩＤＥ）を使うことが増えてきた。例えば Visual Studio（ビジュアルスタジオ）とかEclipse（イクリプス）とかPyCharm（パイチャーム）とか。スクラッチは統合開発環境のついているプログラミング言語なんだ。

Processing（プロセシング）もそんな統合開発環境つきのプログラミング言語の一つ。

PC上でグラフィックを扱うことが楽になるように特化しているよ。

Arduino（アルデュイーノ）も同じようなしくみで、マイコンを扱うことが楽になるように特化している。

なでしこ

「プログラミング言語って全部英語なの？」と思う人もいるかな。

日本語で書けるプログラミング言語だっていくつもある。その中の一つがなでしこだ。

なでしこでスクラッチと同じようなプログラムを書くとこうなるよ。

```
カメ作成
6回
    100だけカメ進む
    60だけカメ右回転
ここまで。
```

今回は本文中にたくさんプログラムが出てきたから、「今回のプログラム」のコーナーはお休みだよ。またね〜。

第11章
どの言語を学べばいい?

第10章では、プログラミング言語にたくさんの種類があることを学んだよね。でも、今ある言語はみんなが大人になった時も存在しているのだろうか。これからプログラミング言語を学ぼうと思っているみんなに知っておいてもらいたいことがあるよ。

YouTubeの例を参考に、プログラミング言語の使い分けをみてみよう!

悩んで

言語は使い分けられる

　プログラマーは、たくさんの種類があるプログラミング言語を、それぞれ目的にそって使い分けているよ。

　動画再生サービスのYouTubeを例に説明しよう。

　サーバーの中で動くこびとさん向けのは、C（シー）、C++（シープラスプラス）、Python（パイソン）、Java（ジャバ）、Go（ゴー）という言語で書かれている。

　動画をパソコンのブラウザで見る時には、ブラウザのこびとさんはHTML5（エイチティーエムエルファイブ）とJavaScript（ジャバスクリプト）で書かれた指示に従って働くよ。スマホやタブレットでも、ブラウザで見るときには同じだ。

　だけどYouTube専用のスマホアプリはJavaやSwift（スウィフト）で書かれているんだ。

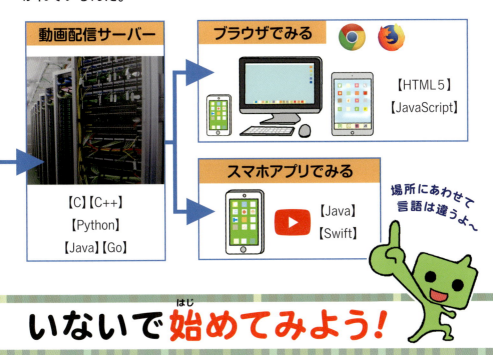

いないで始めてみよう！

いろいろな場所で動くこびとさんに合わせて、それぞれ違う言語を使うんだ。

だから、どれか一つの言語を学んだらパーフェクトなんてことはない。

プログラマーは目的に合わせてたくさんの言語を学んで使い分けるんだよ。

言語は諸行無常※

どの言語を勉強するのが将来のために一番いいのかな、と気になる人もいるだろう。

でも、言語は簡単に滅ぶものなんだ。10年後にどうなっているかは誰にも分からない。

たとえば、今のYouTubeではHTML5という言語が使われている。だけ

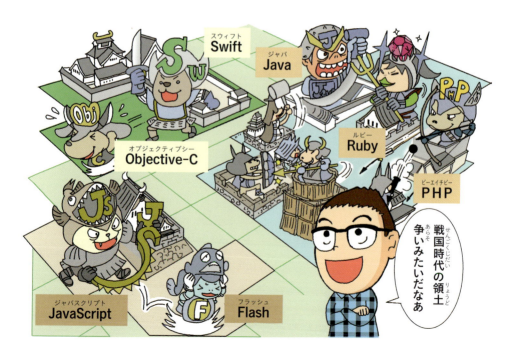

ど、YouTubeが創業した2005年にはFlash（フラッシュ）が使われていたんだ。

Flashを作っていた会社は、2017年に「2020年でサポートを終了するよ」と発表したよ。

2005年にFlashを使ってYouTubeを作った人たちは、10年程度でFlashが使われなくなると思っていただろうか？

将来のことは誰にもわからない。もし誰かが「この言語を学んでおけば将来ずっと大丈夫だ！」って言っていたとしても、信じられないなぁ。

だから、将来のためにどの言語を学ぶのが良いかを考えるよりも、まず作りたいものを考えて、それを作ることができる言語を学ぼう。

それがプロさんたちのおすすめだよ。

(※ ありとあらゆるものは常に変化し少しの間もとどまらないということ)

プログラミング言語は道具

プログラミング言語は道具だから、まず作りたいものがあって、それから「それを作るのにどの道具がいいかな？」と考えて選ぶのが王道だよ。

だけど、プログラミングという言葉が流行ったから「何を作るか決めてないけど、とにかくプログラミングをしてみたい！」という人もたくさんいるよね。わかるよ。

でも「プログラミングをしてみたい！ あの言語とこの言語のどっちがいい？」って聞かれるとプロさんは「木工をしてみたい！ のこぎりとかなづちのどっちがいい？」って聞かれたような気持ちになる。

どちらがいいかは、何を作りたいかによるよなぁ…って思う。

最初は何でもいいんだよ

　何がいいんだろうと悩んで足踏みするくらいなら、何でもいいから適当に一つ選んでかじってみるといいよ。友達が使ってる言語とか、あこがれの人が使っている言語とか、学校でやっている言語とかでもいいんだよ。

　どのプログラミング言語を学んでも、他のプログラミング言語を学ぶ時の助けになる。「何を学んだらいいんだろう」って悩んでいても、何も助けにならない。考えすぎないで、いろいろかじってみよう。

二つ目の言語を学ぼう

　一つのプログラミング言語を使っていろいろプログラムが作れるようになったら、二つ目のプログラミング言語をかじってみるのがおススメだ。二つのプログラミング言語を比較することで、同じところ、違うところがわかる。いくつものプログラミング言語で共通の考え方は、たぶん10年後に使うプログラミング言語でも共通だろう。

　たとえば前の章で説明した「関数」という考え方は、C言語でもJavaScriptでもPythonでも共通だ。見た目がPythonは独特だったね。でも見た目がちょっと違うだけで、考え方は同じだ。大部分のプログラマーが使っている言語は、見た目が違っていても、考え方にはかなり共通部分がある。

　ごく少数の、すごく独特な言語もある。たとえばViscuit（ビスケット）とかAlloy（アロイ）とかCoq（コック）とかだ。そういう言語もいつかかじってみるといいだろう。

　そうやっていろいろな言語をかじって、同じところ、違うところを知っていくことで「プログラミング言語を学ぶ力」が身に着く。この力を身に着けることがとても大事なんだ。

プログラミング言語は人間が作ったんだよ

プログラミング言語は、ぜんぶ人間が作ったものなんだ。ということは、何か目的があって作ったということだ。

それは「作ってみたかった」や「見た目が面白い」の時もあるけど、基本的には「もっと楽をしたい」だ。

世界中の人がもっと楽をするために頑張っている。

ただ、人によって何をどう楽にしたいかが違う。

速いプログラムを楽に作りたいのかもしれないし、綺麗なCGを楽に作りたいのかもしれないし、ゲームを楽に作りたいのかもしれない。

人のやりたいことがたくさんあるから、たくさんの種類のプログラミング言語があるんだ。

保護者のみなさまへ

【特定の言語を絶対視する人に注意】

世の中には、最初に学んだ言語を絶対視してしまう人が、子どもにも大人にも少なからずいます。

「どの言語を学ぶべきか」という問いには、正解がありません。

正解がないので、自分の選択が正しかったかどうか不安になります。そして、選択が正しかったと信じるために、他の言語をこき下ろしたり、自分の選んだ言語がいかに素晴らしいかを他人に「布教」したりして仲間を増やそうとします。

そういう人は「この言語を学ぶのが正しい」と断言するので、「正解はありません、ケースバイケースです、目的次第です」と答える人よりも、自信にあふれて信頼できそうに見えるかもしれません。気を付けてください。

【二分探索】

01. a ← 1*1

02. b ← 100

03. 04行目から08行目までを繰り返す

04.   c ←（a+b）÷2 を計算して、小数点以下を切り捨て

05.   もしc番目の数がxと等しかったら、答えは「c番目」で終了

06.   もしc番目の数がxよりも大きかったら、b ← c-1

07.   もしc番目の数がxよりも小さかったら、a ← c+1

08.   もしaよりもbのほうが小さければ、「見つからない」で終了
    （ここで04行目に戻って繰り返す）

今回は本文とは関係ない内容だよ。プロさんが好きなプログラムを書いてみたよ。

【二分探索】

　この二分探索というやり方（アルゴリズム）は、数が小さい順に100個並んでいるときに、探している数xが何番目にあるかを探し出すことができるんだ。
　この方法だと100個の中から探すときは、最大でも7回繰り返せば見つかるようになっていて、普通に順番に探したら100回繰り返さなければいけないかもしれないのに、それと比べたらとってもすごいよね。
　100万個の中から探すときは、最大でも20回の繰り返しで見つかるんだ。すごいでしょ！！
　どうしてそんなにうまくいくのかというと、範囲の中から真ん中をとって比較して、範囲をどんどんと狭めていくからなんだ。

＊1 ← の記号は、記号の右側の数値を計算して、左に書いてある変数に書き込む命令だよ。

まとめ

　プログラミング言語は道具だから、まず作りたいものがあって、それから「それを作るのにどの道具がいいかな？」と考えて選ぶのが王道だよ。だからプログラマーは目的によっていろいろな言語を使い分けているんだ。
　言語は簡単に滅ぶものだから、10年後にどうなっているかは誰にも分からない。
　「何を学んだらいいんだろう」って悩んでいるよりは、いろいろかじってみよう。
　それが実は近道なんだよ。

111

第12章
失敗を
おそれない

プログラミングってどうやって学ぶんだろう？
プログラミングは、実際にやってみて、
失敗して、失敗の原因を調べることで
徐々に上達するんだよ。
本を読むだけ、
先生の話を聞くだけじゃ学べないんだ。

プログラミング教室
最近、子ども向けの
プログラミング教室や講座が
各地で人気を集めているんだ。
サイボウズでも
小学生〜中学生向けに
ワークショップ形式の
プログラミング教室を
開いているよ。

プログラミングに

プログラミングって、勉強かな?

プログラミングって、学校で勉強を習うのとはちょっと違うところがあるんだ。

歴史や漢字は、答えがあるものだよね。教科書に書いてあることを先生に教えてもらってそれを覚えることが多い。

だけどプログラミングは違う。教科書を丸覚えしたり先生の話を聞いたりしているだけでは、プログラムが書けるようにはならない。

図工や家庭科で何かを作ったことがあるかな。ものを作るためには、自分で手を動かしてやってみることが大事だ。プログラミングはこちらの要素が強い。

逆に、教科書に書いてあるものを書いてある通りに作らなきゃいけないわけじゃない。

作りたいものがあるなら、作りたいように作ったらよい。

みんなが小さい子どもの時、クレヨンでお絵かきをしたり、粘土で形を作ったりしたことがあるだろう。

自分が作りたいものを作りながら、いろいろ試してみることで、手をうまく動かせるようになったんだ。

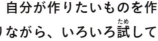

決まった答えはない!

プログラミングも同じことだ。自分で手を動かして、いろいろな指示をこびとさんに出してみることで、こびとさんをうまく動かせるようになるんだ。

最初はちょこっといじるだけでいい

　世の中には便利なものがいっぱいあるよね。すでにあるものを使うのでも全然かまわない。だけど、自分のやりたいことにちょっと足りないな、ってことがある。そんなときに自分で解決する力が必要になるんだ。まだ世の中にない新しいものを作り出す力とも言えるね。

　たとえばぬいぐるみを作る時、ちょこっと飾りをつけ足したりするだけでもいいんだ。全部自分で作らなきゃって思わなくていい。だって、プロでも布を自分で作るわけじゃないからだ。布とわたを組み合わせて、切ったりぬったりして、自分の作りたい形にしていくんだ。

プロさんも日々失敗して修正してを繰り返している

　新しいものづくりにチャレンジしたら、きっと一度は失敗するだろう。
　でも、それはとても大事なことなんだ。どうして失敗したのか、どうしたらうまくいくのかと考えることで、失敗の原因を探す力が身に着くからだ。自分で失敗の原因を見つけ、それを修正していく、この力がとても大事なんだよ。
　僕たちプログラマーも、何度も失敗して、修正して、を繰り返して日々の仕事をしているんだ。失敗は悪いことじゃないんだよ。
　ドラマとかで、ものすごい勢いでプログラムを書き込んで一発で動くような演出をすることがある。でも、あれは嘘だ。よっぽど簡単なプログラムじゃない限り、一発で動くことはない。
　書いたプログラムが期待通りに動かない理由のことをバグって言うんだ。プロさんたちはバグを探してやっつけることにとても時間を使うんだ。
　このバグを見つけるコツについて少し説明するよ。きっとみんなの役に立つからね。

ちっちゃく始めよう

　書いたプログラムが一発で動くなんてめったにない。
　そして、たくさん書いてからうまく動かないことに気付くと、原因を突き止めるのが大変。
　だから、プログラムは小さく書いて、すぐ実行してみよう。
　小さなプログラムが期待通りに動くことを確認してから、ちょっとずつ改良していくんだよ。

バグの場所のしぼりこみ

　ちょっとずつ機能追加していても、プログラムが大きくなってから、うまく動かなくなっちゃうこともある。そんなとき「どこまではうまく動いているのか？」をしぼっていくんだ。たとえば、なぜかプログラムが何も出力しないで終了してしまう、としよう。そんな時はプログラムのだいたい真ん中あたりに、"hello"って画面に出力する命令を書いて実行してみる。それをやって画面に"hello"って出てくるなら、そこまでは正しく実行されているってことがわかる。だからバグは後半にある。画面に"hello"って出てこないなら、前半にバグがある。こうやって半分半分に切り分けながら問題がある場所をしぼりこんでいくんだよ。

> ### 保護者のみなさまへ
>
> **【原因・検証・絞り込み】**
> 後者の場合は「画面に出力する命令自体が期待通りに動いていない」という可能性もあるので、出力命令が期待通りに動いていることを確認したいです。このように、どんな原因がありうるかを思いつく力と、どういう実験をすればそれが検証できるか考える力、実験結果を見て原因を絞り込んでいく力の、三つの力でサイクルを回しながらバグを見つけていきます。

時間をさかのぼる

　小さいプログラムの方が問題を見つけやすい。だから大きなプログラムになってから問題が見つかったら、問題の発生と関係なさそうなところをどんどん削って、小さなプログラムに戻すよ。
　せっかく書いたプログラムを消すのがもったいない？だったら、今の大きなプログラムをどこか別のところにコピーして取っておいたらいい。
　どんどん削除して小さくして、バグの位置がわかったら、大きなプログ

ラムに戻してから修正したらいいんだ。

第5章でバージョン管理システムの話をしたよね。過去のプログラムが保存されていれば、安心して削除ができる。それに歴史が保管されているから、何か問題が見つかった時に、その問題がいつからあったのか歴史をさかのぼって確認できる。

⚙ ステップ実行

プログラムを1命令ずつ一歩一歩実行することができる言語もある。これをステップ実行という。

IDE（統合開発環境）を使ったり、デバッガを使ったり、言語によって方法はいろいろだ。

ステップ実行を使うと「プログラムがどう動いているのか」を一歩ずつ実行しながら確認することができる。とても便利な道具の一つだよ。

🔍 事実と解釈を区別する

自分の書いたプログラムについて「この変数の値はきっとこうなってるはず」とか思うことがあるだろう。でも、これはあなたがそう思っているだけだ。事実がどうかを確認しよう。その変数の値を出力してみたら、意外と自分の思った値と違うかもしれない。

プログラムが期待通りに動かない問題は「プログラムの中で起こっているだろうと思ったこと」と「プログラムの中で実際に起こっていること」がずれていることによって起こる。何があなたの思いこみか、何が事実として確認されたことか、これをきちんと区別して、事実を一歩一歩確認していくことが大事だよ。

サイボウズではこの区別を「事実と解釈を区別する」と呼んで、プログラマー以外も含めた全社員が気を付けているんだ。

117

今回のプログラム

【マージソート】[※1]

01. ソートしたいデータ列を真ん中あたりで切って二つのデータ列を作る
02. もし半分に切ったデータ列の長さが1より大きかったら、
03. 　　それらに対して「マージソート」を先に実行して小さい順に並べ替える [※2]
04. 並べ替え結果をしまうためのデータ列を空っぽに初期化する
05. 06行目から10行目までを繰り返す
06. 　　もし二つの両方のデータ列が空っぽなら、終了
07. 　　もし片方のデータ列が空っぽなら、
08. 　　　　空ではないほうの先頭から一つデータをとってきて、並べ替え結果をしまうためのデータ列の末尾に追加する
09. 　　もし両方データ列にデータがあれば、
10. 　　　　両方の先頭のデータを比較して、小さいほうを選んでとってきて、並べ替え結果をしまうためのデータ列の末尾に追加する
　　　　（ここで06行目に戻って繰り返す）

今回も本文とは関係ない内容だよ。プロさんが好きなプログラムを書いてみたよ。

【注】

*1 ソートっていうのは、データを並べ替えて小さい順とかにそろえる作業のことだよ。データをソートしておけば、前回の二分探索とかが使えるようになって、データがたくさんあっても高速に探せるようになるんだ。そんな大事なソートは、いろいろなやり方が発明されているんだけど、今回はそのうちの一つを紹介するよ。

*2 マージソートのプログラムがマージソートを使うという、すごい技が出てきたよ。この技は「再帰」という上級テクニックなのだー。
なんかそんなことをしたら堂々巡りになって失敗しちゃうように見えるかもしれないけど、このプログラムではデータ列を半分に切っていけばいつかはデータ列の長さが1になって、そこまでくればマージソートのためにマージソートを使うという繰り返しは止まるから、これでもちゃんとうまくいくんだ。マージソートのすてきなところは、4人のこびとがいて、最初に長さ100のデータ列が渡されたとして、それを50と50に分けて、さらにそれが25の4本に分かれて、その4本の並べ替えを、4人のこびとで分業してできることなんだ。作業を分けた後は、それぞれ他のこびとと相談することなく自分の担当の作業に集中できるから、この作業に関しては簡単に最高速度が出せるんだ。そうやって4本のソートされたデータ列ができたあとは、2人で2本をまとめ上げて、さらに1人で1本にまとめ上げて、それでできあがりになるというわけだよ。

⌨ まとめ

プログラミングは本を読んでいても学べない。どんどん手を動かして、失敗をすることでしか学べないんだ。みんなはこの本を読んで、プログラミングのことがだいぶ分かったはず。次は手を動かして実際にものづくりをする番だ。もし近くに教えてくれる人がいるなら、その人のオススメに従ってみよう。もしも近くに教えてくれる人がいなくても、インターネットを使って自分で学べる。年の近い仲間や、プログラミングの分かる大人に出会いたければ、近くの道場を探してみよう。そして、どんどん新しいものを作っていこう。それが新しいものを作る力を手に入れるただ一つの方法だから。

保護者のみなさまへ

お子さまのモチベーションのつくり方

　プログラミングを習得するためには、たくさん挑戦して、たくさん失敗して、試行錯誤を繰り返すことが大事です。子どもに「正解しなきゃ」という強いプレッシャーがあると、挑戦を恐れたり、一回の失敗で心が折れたりしてしまうかもしれません。子どもが安心してたくさん挑戦できる場を作り、勇気づけて、モチベーションを作り出していくことが大事です。

　どうやったら子どものモチベーションを作り出せるか、と考えた時に一つの良い方法はライバルを見つけることだと思います。私が運営していたコミュニティーでは、同じくらいのスキルの小中学生があつまってチャットでわいわいと話していました。誰かがゲームを作って、それを仲間内に自慢すると、みんな「おお!」とか言って遊び始めます。そして「これってどうやってやったの?」とか、「プログラムを見たんだけどここがわからない」などと話をして、お互いに教えあっていました。数日後には別の誰かが別のゲームを作って自慢をします。自慢したい欲と知りたい欲がサイクルを形成して、みんな急速にうまくなっていきました。先生役がいなくても、大人が動機づけをしなくても、適切なライバルがいれば急速に上達するのです。

　逆に悪い方法も紹介します。子どもが自発的に何か新しいものを作ったとしましょう。それを見て「そんなこと受験に関係ないでしょ」「教科書に載っていることをやりなさい」と言ってしまう大人がいます。これではせっかく芽生えた創造性を踏みつぶしてしまいます。教科書通りのことをできる力と、新しいものを作り出せる力は、どちらが大事でしょうか。私たちは後者だと思います。そして、新しいものを構想してそれを形にすることができたという経験は、将来子どもたちが新しいものを作らなければいけない立場になった時に心の支えになります。長期的に見るととても大事なことです。

　また、子どもの作ったものを見て「それに似たものが既にある」と言ってしまう大人もいます。大人の方が人生経験が長いですから、そういう指摘をするのは簡単ですよね。過去に誰かが作り出し、あなたが知るぐらい有名になったものは、成功事例です。その成功事例に似たものを知らずに作り出したことは、すごいことじゃないでしょうか。前例を調べる力は成長とともに勝手に身に着きますが「自分には新しいものを作り出すことができる」という自己肯定感は後から育てることが難しいです。

子どもが新しいものを自発的に作り出した時、そこには彼らなりの動機があります。既存のものに似ていたとしても、そこに大きな違いがあります。自分の動機に基づいて物を作ったというところが、既存のものを持ってくるのとは根本的に違うのです。作ったものが現時点で大人から見てすごいものに見えなかったとしても、その創造性の芽生えが潰されることなく育っていくことで、将来すごいものを作る力になるのです。

サイボウズで開催した「キッズワークショップ for kintone きみにも出来る！システム開発」の様子。子どもたちが自分たちの作ったものを、同年代を含む他の参加者にプレゼンテーションしています。

　子どもたちが同世代の仲間に出会える場としては、全国123カ所（2018年2月時点）にあるCoderDojoが有名です。CoderDojoは地域の有志ボランティアによって運営されているプログラミングクラブなので、もしあなたの家の近くにないならば、有志を集めて新しく作ることもできます。この種のプログラミングクラブは今後増えていくでしょう。

　また、インターネットを使って自分で学ぶ方法としては、例えばオンラインプログラミング学習サービスProgateがあります。この種の学習サービスも増えていくでしょう。どれが良いのだろうと悩んで足踏みするくらいなら、何でもよいので一つ体験してみましょう。余裕ができてから二つ目を体験してみて比べればよいのです。

　ぜひ、お子さんがモチベーション高く試行錯誤をできるように、勇気づけ応援してあげてください。

【CoderDojo】https://coderdojo.jp/　【Progate】https://prog-8.com/

各章のねらい

第1章　プログラムってなんだろう？

ここではプログラムというものがなんであるかを紹介しています。これはプログラミングの連載なので、そこから始めようと思ったのです。

第2章　プログラムで動くもの

プログラムを身近に感じてもらおうと思って、電化製品のほとんどはプログラムで動いているということを紹介しました。

プログラムというと、パソコンとスマホのアプリくらいにしか使われていないという印象があるかもしれないと思ったので、そうじゃないんだよ、もっともっといろんなところで活躍しているんだよ、ということを伝えたかったのです。だからプログラマーはいろんなところで活躍しています。

第3章　人間を手伝うプログラム

第2章の炊飯器の例では、プログラムが人間の代わりにご飯を炊いてくれる話を書きました。でも世の中のコンピューターの使われ方は、人間の代わりをするだけではなくて、人間がやるよりうまくやってくれるものがあります。その例としてバーコードを使ったレジを取り上げました。

バーコード方式では、人間が商品に値段シールを貼らなくてよくなりました。なぜならレジがこの商品の値段はいくら、というのを全部覚えてくれるからです。それだけではなく、人間がレジを打つ必要もなくなりました。バーコードで高速かつ正確に読み取れるからです。

その間違いの少なさは、どんな人間よりも上でしょう。だからレジは人間の代わりではなく、人間を超える働きをしているのです。そしてその実現のために、プログラムが活躍しているのです。

第4章　スマホの中のこびとたち

スマートフォンのスペック表を理解できるようになったら、友達や大人から「すごい！」って言われるのではないかと思って、それを目指して書きました。そしてその過程で、コンピューターがどんな部品でできているかも説明しようと思ったのです。

第5章　なかったことにできる!!

　　　この章ではundoを紹介しました。undoはコンピューターがなければきっと出てくることはなかった大発明です。コンピューターは一番すごい人よりも上手に仕事をやってのけるだけではなく、もはやコンピューターなしでは事実上できないことがあるのです。そしてこれはプログラムを書くことで生まれた発明でもあります。そのことに気付いてほしくてこのテーマを取り上げました。

　…言うまでもないことですがコンピューターは万能ではありません。まだ人間の足元にも及ばないような分野はたくさん残っています。人間が得意なことは人間がやり、コンピューターが得意なことはコンピューターがやれば、きっとすてきな社会になると思います。

第6章　インターネットのしくみ

　　　今やみんなにとって身近なインターネット。きっと当たり前のように使っていて気に留めることもないだろうけど、実はたくさんの技術の組み合わせでできていて、それを紹介しようと思いました。またスマートフォンを使っていると、無線による通信がインターネットの中心だと思うかもしれないけど、実際は有線通信がメインで「世界は線でつながっている」のです。ちなみにこの「世界は線でつながっている」は連載時のタイトルでした。

第7章　こびと同士の会話

　　　第6章ではあちこちのコンピューターがつながりあってインターネットができている話をしました。しかし、物理的に線をつなぐだけではインターネットはできあがりません。各地のコンピューターが同じ決め事(プロトコル)に従う必要があるのです。

　プログラマーはプロトコルに従うプログラムを作らなければいけないのです。これがこの章で書きたかったところですが、一方でインターネットプロトコルを本格的に説明するのは前提知識が不足しすぎてイメージがわきにくい問題があります。そこでわかりやすい決め事の例として「文字をどうやって表現するのか」を取り上げました。

第8章　宇宙の声をきくこびと

　スマートフォンの中ではいろいろなプログラムが動きますが、それがどういうしくみで動いているのか、イメージがわかない子どもも多いだろうと考えました。子どもにも人気のポケモンGOで使われているGPSの技術は、実は遠く離れた人工衛星の電波を受けて動いています。これってすごいことじゃないですか？ロマンです！
　ロケットを飛ばし、GPSというシステムを作り上げるのに必要な技術を支えているのが、子どもたちが学校で学ぶ化学や物理や数学、そして今後必修化される情報科学なのです。

第9章　みんなでつくる百科事典

　Wikipediaのしくみも、コンピューターによってなされた大発明だと思います。「間違ってはいけないから、何度も確認して慎重にやる」という従来のやり方に対して、Wikipediaのやり方は「間違ったら元に戻せばいいじゃないか」です。簡単に戻せるしくみゆえの発想です。
　とても多くの情報がこれで効率よく集まるようになりました。一時的な間違いに対しては、おおらかな気持ちで受け入れることが、この大成功につながったのです。いろいろと考えさせられると思いませんか。

第10章　こびとの指示書はこれだ！

　私たちはプログラミング言語を比較して、似ているところはどこか、違うところはどこかを、学ぶことが有益だと信じています。しかし、たとえば第1章からPythonとJavaの比較の話をしても小学生には受けないだろうなと思いました。各章で一つずつ言語を紹介するのも、多分うまくいかないでしょう。
　子どもたちの日常の経験から、どうすればプログラミング言語の比較という、物理的な実体のないプログラミング言語の比較に持ち込むか、とても悩みました。
　パソコンの中で動くプログラム、スマートフォンの中で動くプログラム、マイコンの中で動くプログラム、インターネットを介してやりとりしている、サーバーの中で動いているプログラム…。プログラムが動く環境が多種多様で、人間がプログラミング言語に求めることも多種多様だ、だからプログラミング言語がたくさんあるんだ。
　これを納得してもらうために、たくさんの布石をして、ようやくこの章にたどりつきました。

第11章　どの言語を学べばいい?

　第10章でプログラミング言語を紹介してみると、「なんだかたくさんあってややこしいな、おススメはどれなの?」と言われそうな気がしてきました。でもそんなこと言われてもわからないのです。なんのプログラムを作りたいのかによっても答えは違ってくるし、そもそもみんなが大人になる5年後や10年後にどの言語が主流になっているかなんてさっぱりわかりません。だからどれがいいかなーなんて悩んでいる時間はもったいないので、とにかく今ある言語を一つマスターしてしまうのがいいと思うのです。

　やりたいことは将来変わるかもしれない。そして言語も没落してしまうかもしれない。でもそうなったらまた別の言語を覚えればいいじゃないですか。一つマスターすれば、もう一つをマスターするのはそれほど大変じゃないです。そういうことを伝えたくてこの章を書きました。

第12章　失敗をおそれない

　テレビや映画では天才的なプログラマーが、すごい速さで入力して、一発で成功する話がでてきますが、実際はそんなことはめったにありません。私たちも毎日プログラムを間違えて、どこをどう間違えたのかウンウンと悩んで、それを直しています。それはプログラミングを始めたばかりのころだけではなく、今でもそうなのです。

　間違うことはちっとも悪いことではありません。期日までにちゃんと動くプログラムができさえすれば、それまでは何回間違えたっていいのです。それで減点されるとか、バカにされるとか、そんなことは全くありません。誰もそんなことは気にしていないのです。むしろ失敗しちゃいけないからと、過剰に用心深くなって、開発がとまってしまうことのほうが深刻です。

　たくさんチャレンジしてたくさん失敗して、最後に一度だけ成功しましょう。それで完成です。それでいいのです。プログラミングほど、間違いを許してくれる分野は他にはそうそうないと思います。失敗の数だけうまくなっていくと私は思っています。

イラスト:齊藤 恵　／　装幀:油井久美子
DTP:ウエイド　／　校閲:小栗一夫　／　編集協力:今給黎美沙、吉田麻代
写真協力:毎日新聞社、共同通信社

125

あとがき

　本書は、小中学生向けのニュース学習誌「Newsがわかる」（毎日新聞社発行）の連載「プログラミングって」が元になりました。豊富なイラスト、やわらかい言葉づかいなど弊誌の特徴を生かしています。きわめて専門的なプログラミングの世界を紹介するうえで、未体験の子どもも興味が持てるように心がけました。

　連載のきっかけは、「サイボウズ式」のIT教育に関する記事です。記事のまとめには「プログラミング言語を知っていることより、課題を見つけ、解決する力が必要」とありました。「AI（人工知能）時代に求められる力」を探る良い連載になると確信しました。連載を担当したのはサイボウズ式編集部、椋田亜砂美さんと、プログラマーの西尾泰和さん、川合秀実さん（プロさんの正体はこのお二人です）と弊誌編集室から二人。ただ、最初の打ち合わせからAI時代に求められる力の具体的なイメージを共有できたわけではありません。最先端のプログラマーと新聞社の編集者ですから当然です。

　ただその後の打ち合わせを通じ、プロさんお二人からは、まるで将来の仕事仲間に向けられるかのように、書きたいことが次々にあふれだし、書籍化にあたり充実した文章を収めることができました。普段から10代、20代のプログラマーの卵に教えている方々なのでポイントを押さえています。

　本書は一般的なプログラミング教育の関連本と異なり、言語の紹介は終盤のみにとどめ、ページの多くは機械（ハードウェア）にさいています。現実の社会を通じて伝えることに重きをおいたのは、プログラマーを目指して学ぶ時に技術が社会においてどう使われているかを想像することが重要だからです。

「何を」学ぶべきか、正解は一つではない。

　「プログラマーになるための学び」についてのプロさんの言葉です。「何を」

実現したいかによって学ぶことは違います。プログラミングでは、新しいアイデアでできることがどんどん増えていきます。すでにどこかで書かれていることを丸暗記するだけでは、この先の時代を突破できないでしょう。

　皆さんはこの本を通じてAI時代に必要な力が見えたでしょうか？　失敗をおそれずチャレンジすること。手を動かし、自らの頭で考えること。新しい仲間とチームを組む柔軟さがあること——この企画を通じ、私たちが実感した「未来に必要な力」とは、こういった能力でした。もちろん、学び続けることも忘れてはいけません。

　「未来の力」と書きましたが、これらは現代でもすでに必要とされている能力です。一つの学びが生涯にわたって通用する時代ではすでにありません。一部のプロだけが高度な技術や、多くの情報を抱え込むやり方よりも、大勢で知恵や力を出し合うほうが、より高い価値を生み出せるのではないでしょうか。

　そういった思いで書かれたこの本は、将来、プロフェッショナルなプログラマーとして世の中を支える人々に役立つのはもちろん、プログラマーにならずとも社会という大きなチームの一員として未来を創造する人として育っていくために、きっと役に立つと私たちは信じています。

　サイボウズの方々との出会いは弊誌だけでなく、私個人にとっても大きな財産となりました。多忙な中、大変な勢いですばらしい仕事をこなしてくださった椋田さん、西尾さん、川合さんはもちろん、魅力的なイラストを描いてくださったイラストレーターの齊藤恵さん、書籍版を担当されたデザイナーの油井久美子さん、毎日新聞出版の名古屋剛さん、私の同僚の横田香奈さんへ感謝の言葉を贈ります。

「Newsがわかる」編集長

小平百恵

著者・編著者　略歴

サイボウズ

西尾泰和（にしお・ひろかず）
サイボウズ・ラボ株式会社所属。一般社団法人未踏理事。2006年、24歳で博士（理学）取得。2007年よりサイボウズ・ラボにて、チームワークや知的生産性を高めるソフトウェアの研究に従事。プログラミング言語の多様性と進化にも強い関心があり、プログラミング言語がなぜ生まれ、どのように発展したかを解説した著書『コーディングを支える技術』（技術評論社）を出版した。一般社団法人未踏が行う17歳以下の学生向けの開発支援プロジェクト「未踏ジュニア」にPMとして関わっている。

川合秀実（かわい・ひでみ）
サイボウズ・ラボ株式会社所属。一般社団法人未踏理事。セキュリティキャンプ講師。SecHack365トレーナー。1975年生まれ。小学4年生のときファミコンの代わりに8ビットのパソコンを与えられ、ソフトが買えなかったのでプログラムを作って遊ぶ。以来、プログラミングの専門教育をほとんど受けずに来てしまったので、普通のプログラマにできることができないが、普通のプログラマにはできないことができる。要するに変人プログラマ。若い人にプログラミングを教える機会が多く、教育にもかなり関心を持っている。単著に『30日でできる！OS自作入門』（毎日コミュニケーションズ）。

月刊Newsがわかる

1999年に創刊した毎日新聞社の月刊誌。政治、国際、科学など幅広い分野から学びに役立つニュースを取り上げ、小中学生向けに解説する。キャッチフレーズは「楽しく役に立つ」。連載および本書の編集は小平百恵、横田香奈が担当。
https://mainichi.jp/wakaru/

世界一わかりやすい！ プログラミングのしくみ

印　刷	2018年3月15日
発　行	2018年3月30日

著　者	サイボウズ
編　者	月刊Newsがわかる

発行人	黒川昭良
発行所	毎日新聞出版
	〒102-0074　東京都千代田区九段南1-6-17　千代田会館5階
	営業本部：03（6265）6941
	図書第二編集部：03（6265）6746

印　刷	三松堂
製　本	大口製本

© Cybozu, Inc., THE MAINICHI NEWSPAPERS 2018, Printed in Japan
ISBN978-4-620-32505-7

乱丁・落丁はお取り替えします。
本書のコピー、スキャン、デジタル化等の無断複製は著作権法上での例外を除き禁じられています。